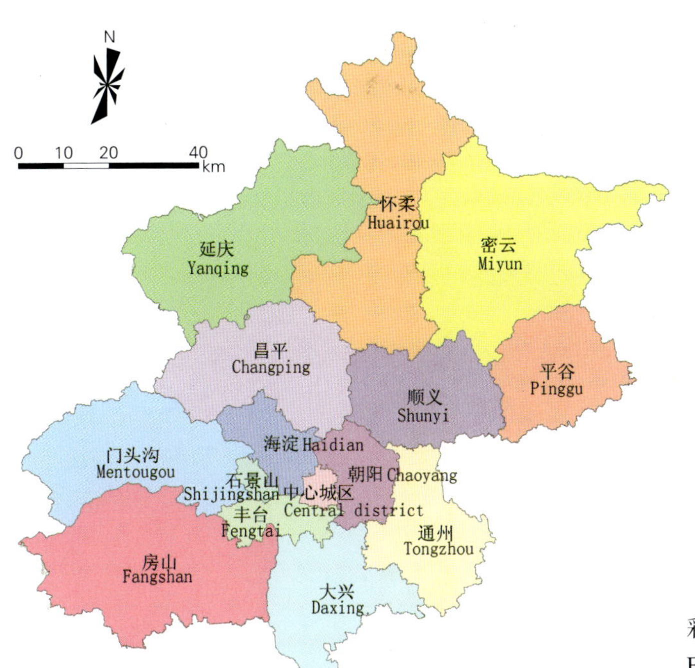

彩图 1 北京市行政区划图①

Fig.1 Administrative Map of Beijing

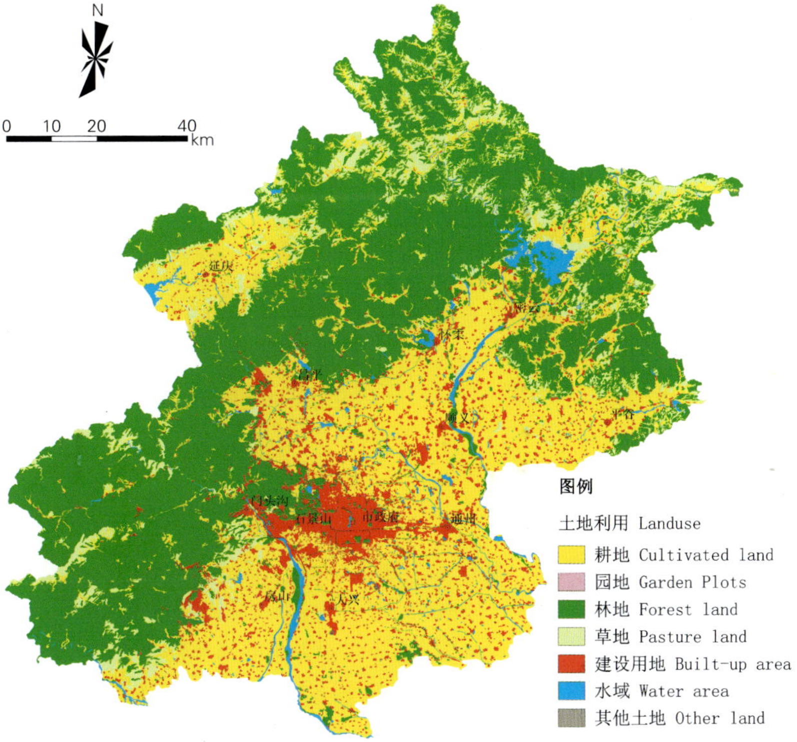

N

0 10 20 40 km

图例

土地利用 Landuse

耕地 Cultivated land

园地 Garden Plots

林地 Forest land

草地 Pasture land

建设用地 Built-up area

水域 Water area

其他土地 Other land

彩图 2 北京市土地利用图（1985年）

Fig.2 Land Use Change in Beijing（1985）

---

① 彩图 1~ 彩图 8 数据来源：北京市 1：50000 地形图，作者整理绘制。

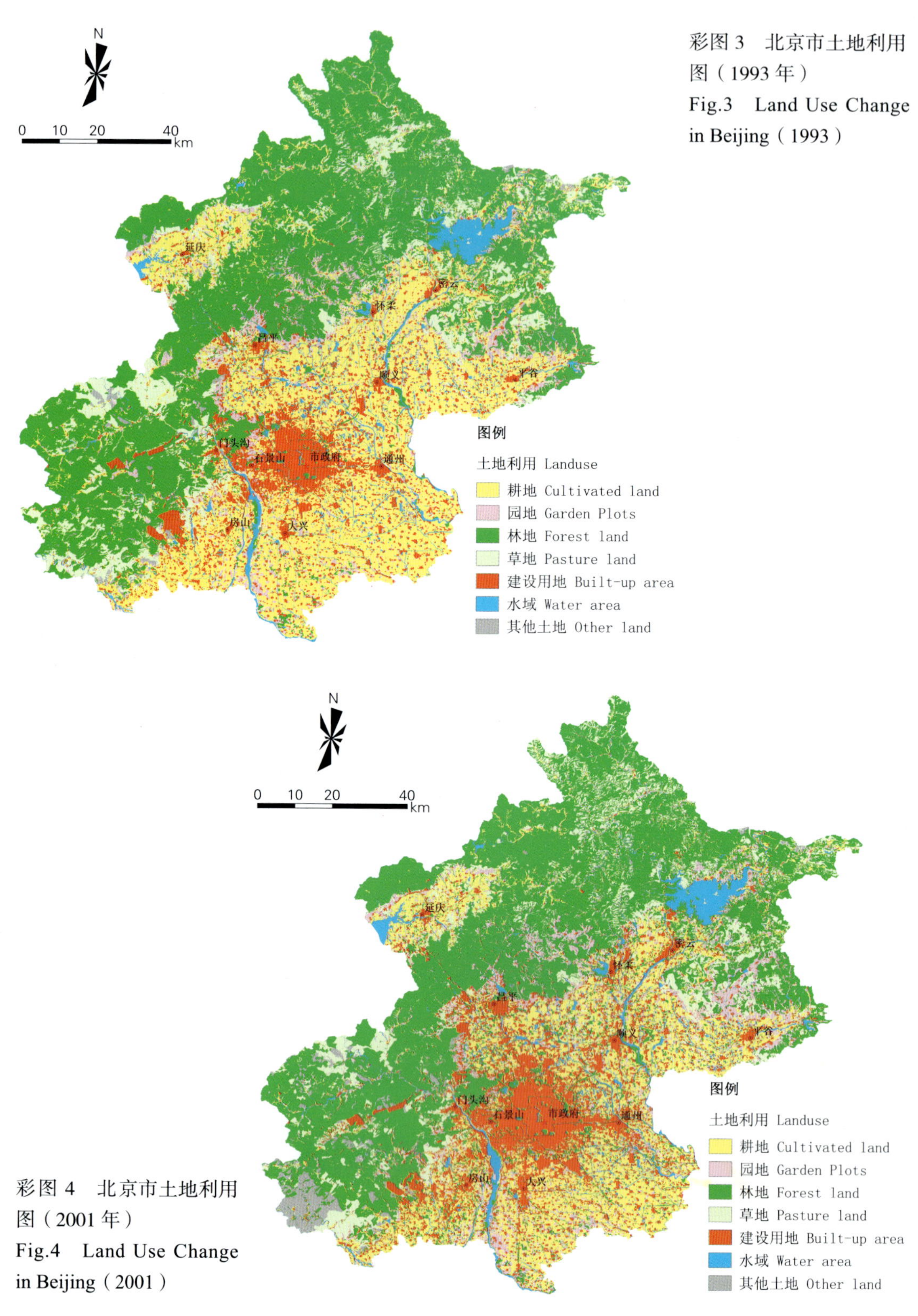

彩图 3 北京市土地利用图（1993 年）

Fig.3 Land Use Change in Beijing（1993）

彩图 4 北京市土地利用图（2001 年）

Fig.4 Land Use Change in Beijing（2001）

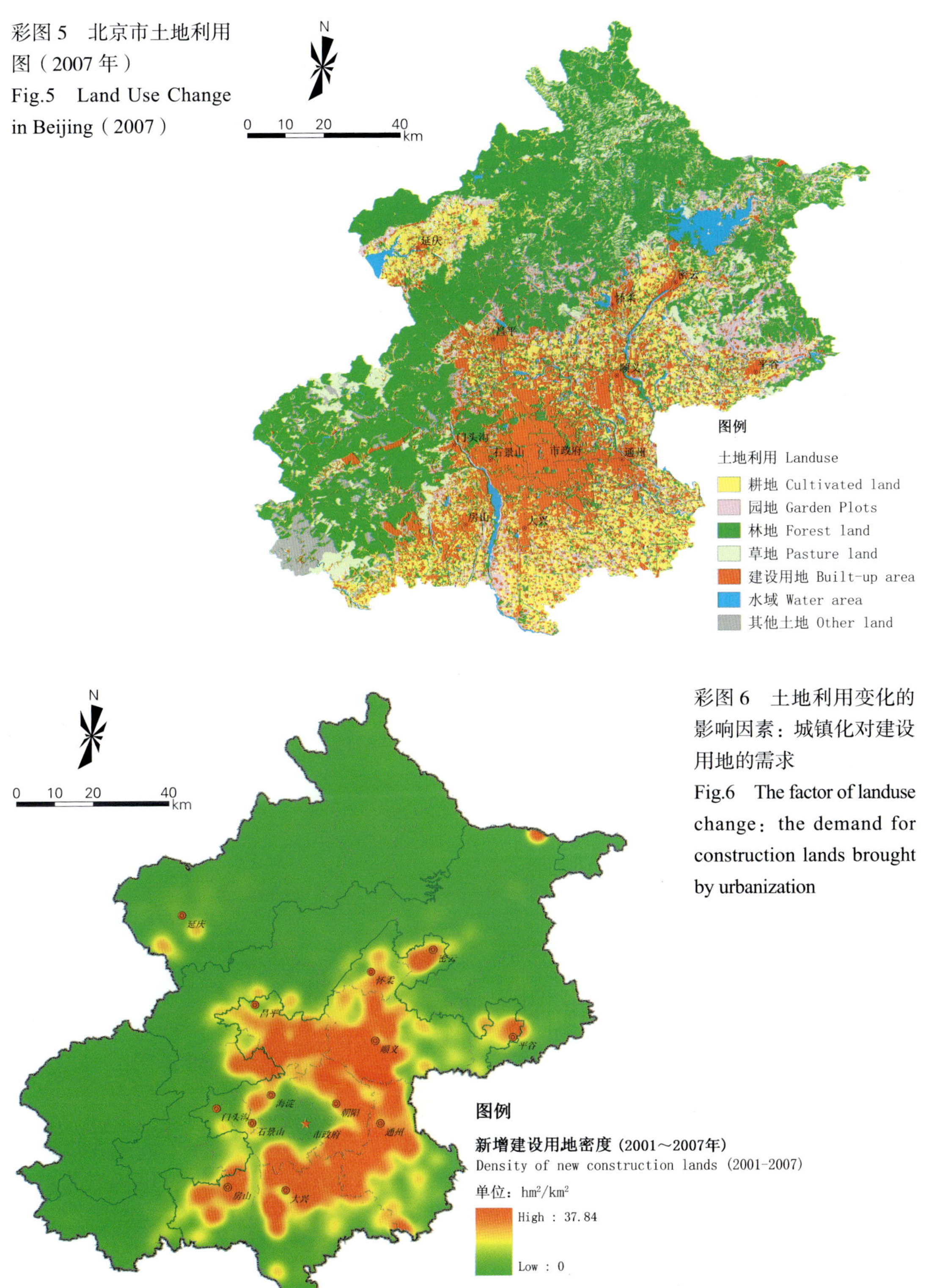

彩图 5　北京市土地利用图（2007 年）

Fig.5　Land Use Change in Beijing（2007）

彩图 6　土地利用变化的影响因素：城镇化对建设用地的需求

Fig.6　The factor of landuse change：the demand for construction lands brought by urbanization

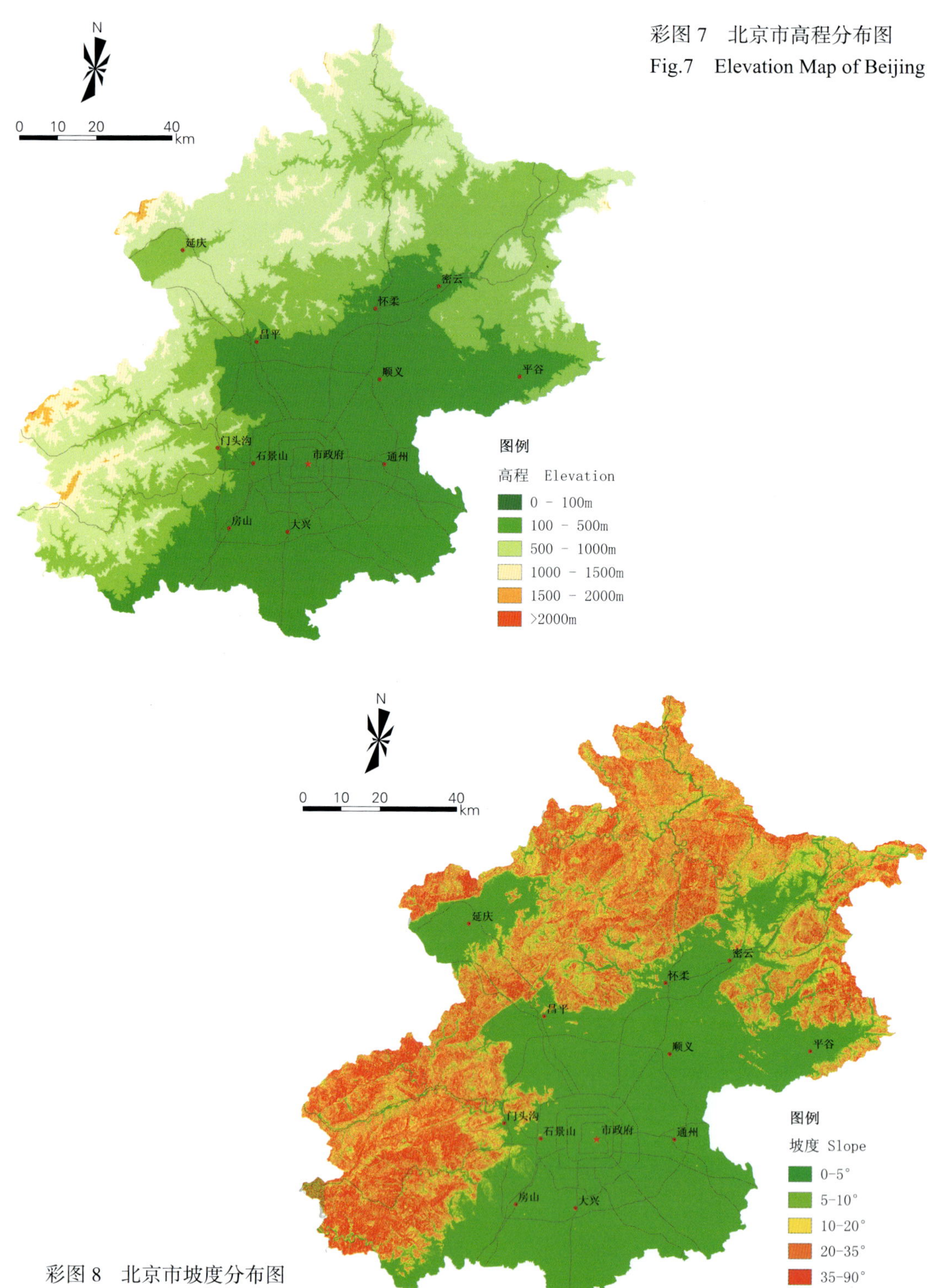

彩图 7　北京市高程分布图

Fig.7　Elevation Map of Beijing

彩图 8　北京市坡度分布图

Fig.8　Slope Map of Beijing

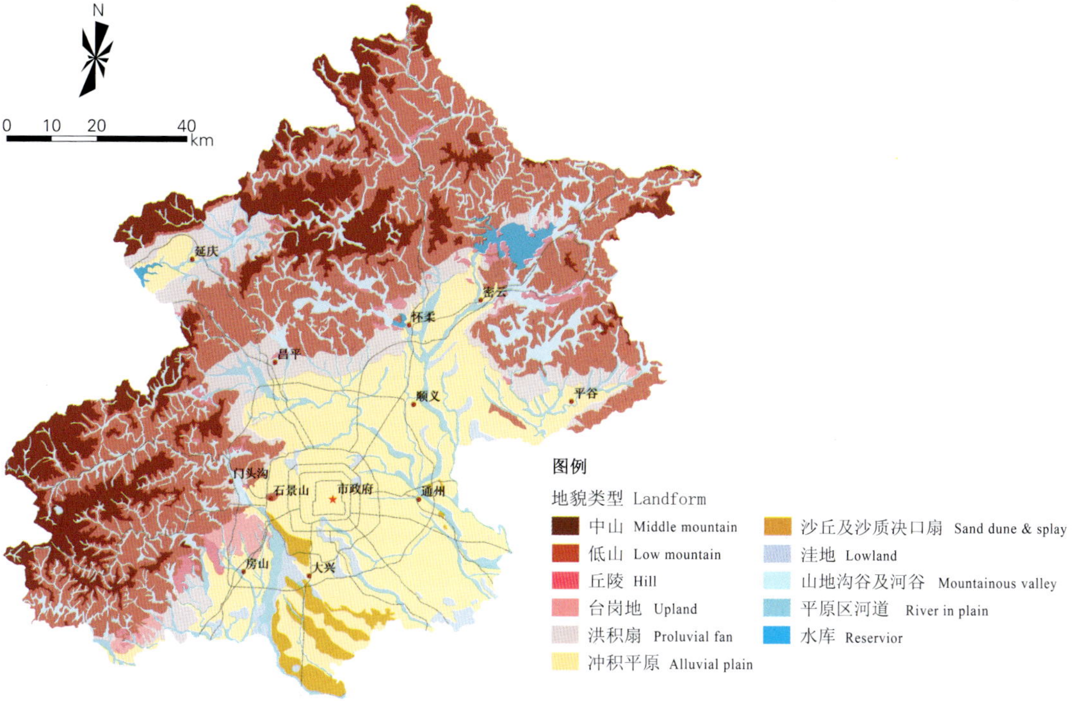

N
0 10 20 40 km
延庆
密云
怀柔
昌平
平谷
顺义
门头沟
石景山
市政府
通州
房山
大兴
图例
地貌类型 Landform
中山 Middle mountain
低山 Low mountain
丘陵 Hill
台岗地 Upland
洪积扇 Proluvial fan
冲积平原 Alluvial plain
沙丘及沙质决口扇 Sand dune & splay
洼地 Lowland
山地沟谷及河谷 Mountainous valley
平原区河道 River in plain
水库 Reservior

彩图 9　北京市地貌类型分布图

Fig.9　Landform Map of Beijing

（数据来源：北京市国土资源局，作者整理绘制）

N
0 10 20 40 km
延庆
密云
怀柔
昌平
顺义
平谷
门头沟
石景山
市政府
通州
房山
大兴
图例
年降水量 Annual precipitation
<=450mm
450-500mm
500-550mm
550-600mm
600-650mm
650-700mm
700-750mm
750-800mm
>=800mm

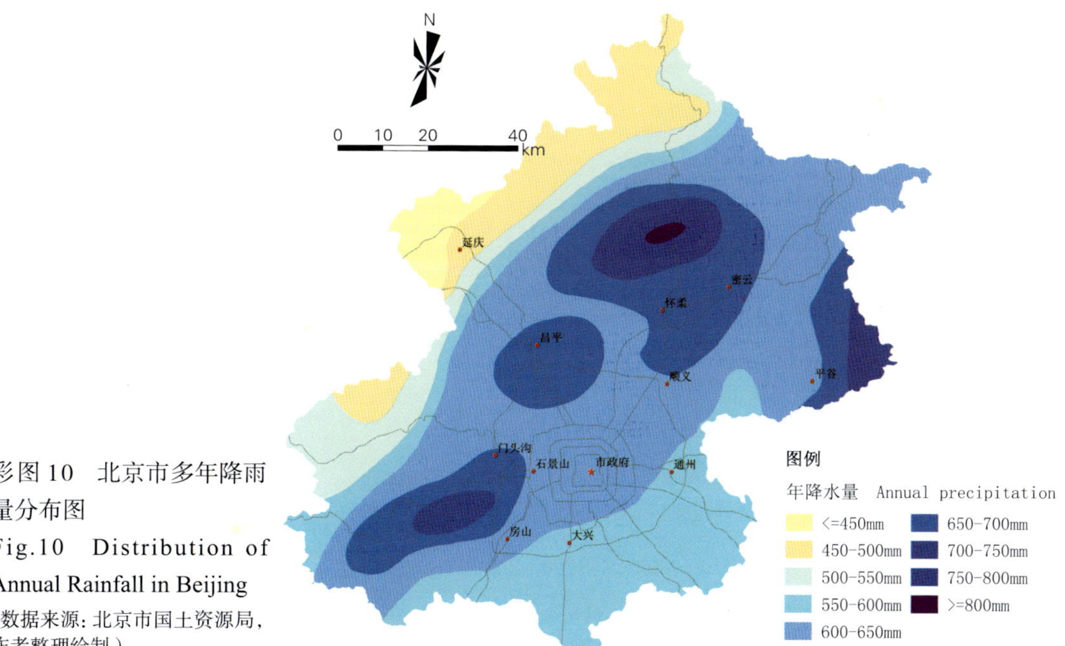

彩图 10　北京市多年降雨量分布图

Fig.10　Distribution of Annual Rainfall in Beijing

（数据来源：北京市国土资源局，作者整理绘制）

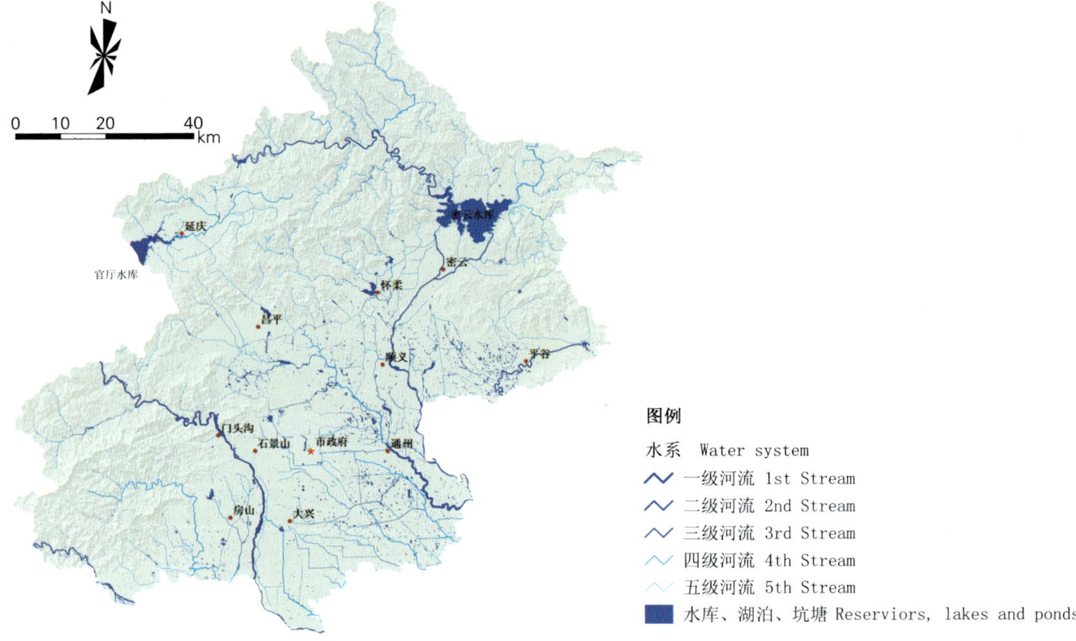

彩图 11 北京市水系分布图

Fig.11 Water System Pattern in Beijing

（数据来源：北京市 1：50000 地形图、北京市第二次集体土地调查数据，作者整理绘制）

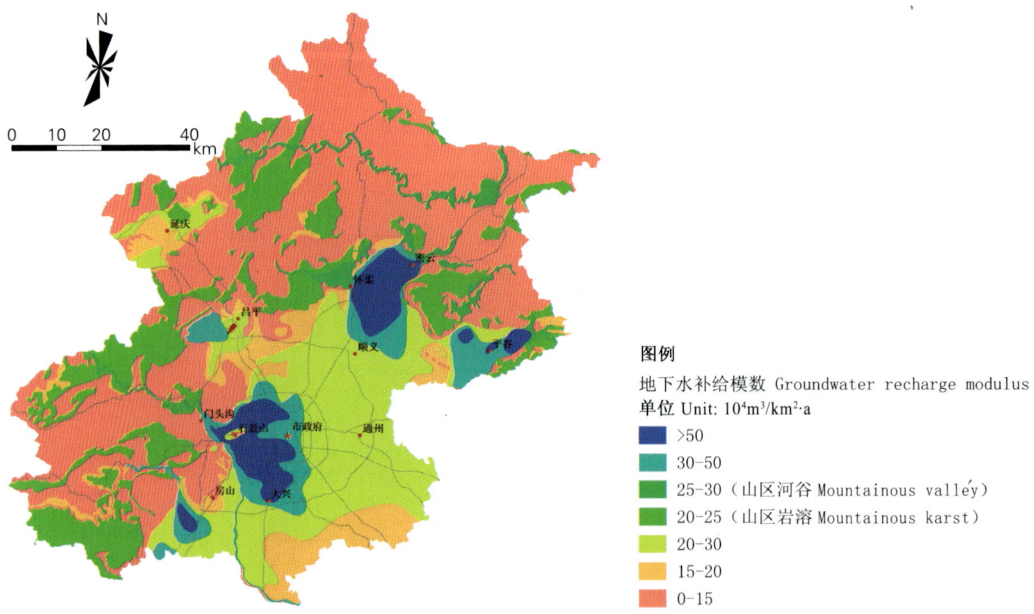

彩图 12 北京市地下水补给模数分布图

Fig.12 Groundwater Recharge Capability in Beijing

（图片来源：《北京国土资源地图集》，1990；作者数字化、绘制）

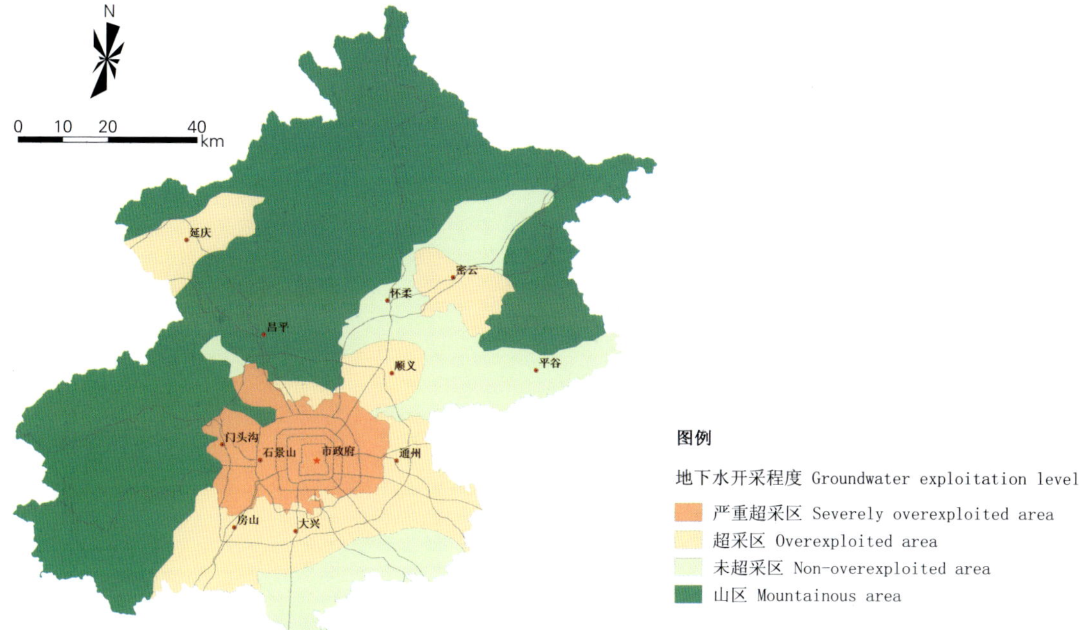

彩图 13　北京市地下水开采程度分布图

Fig.13　Distribution of Groundwater Exploitation Degrees in Beijing

（图片来源：《北京市生态功能区划》，2005；作者数字化）

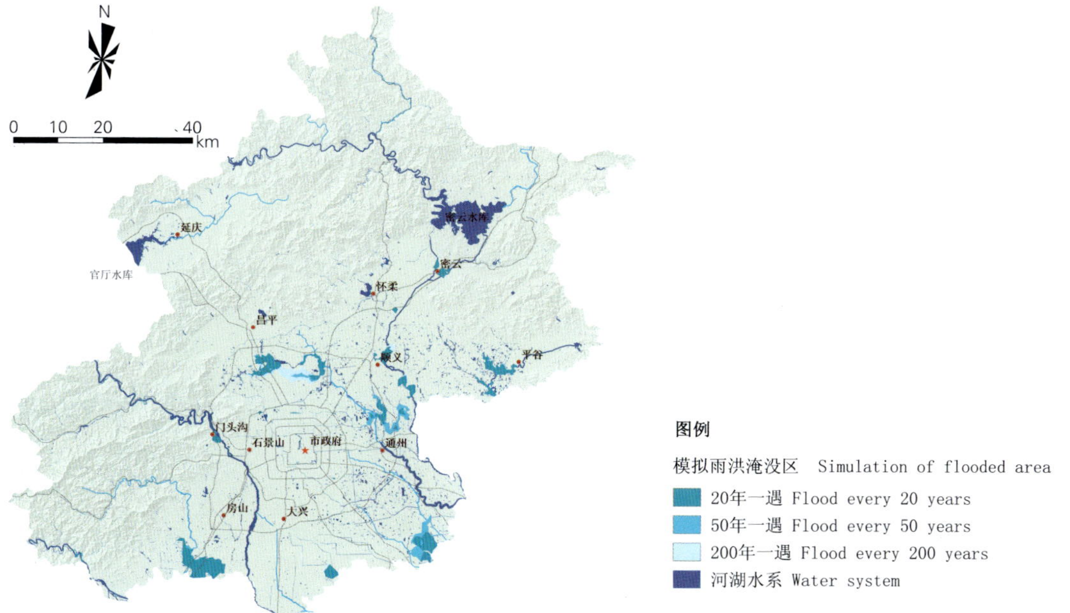

彩图 14　北京市模拟雨洪淹没风险分析图

Fig.14　Simulation of Flood Risk in Beijing

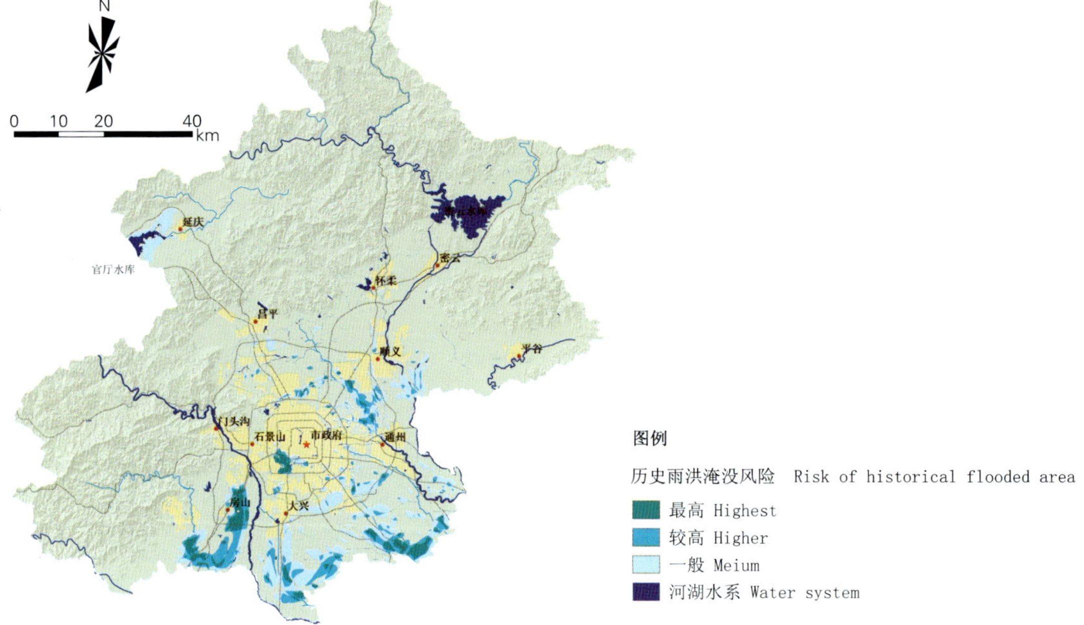

彩图 15 北京市历史洪涝淹没风险分析图

Fig.15 Historical Floodable Area in Beijing

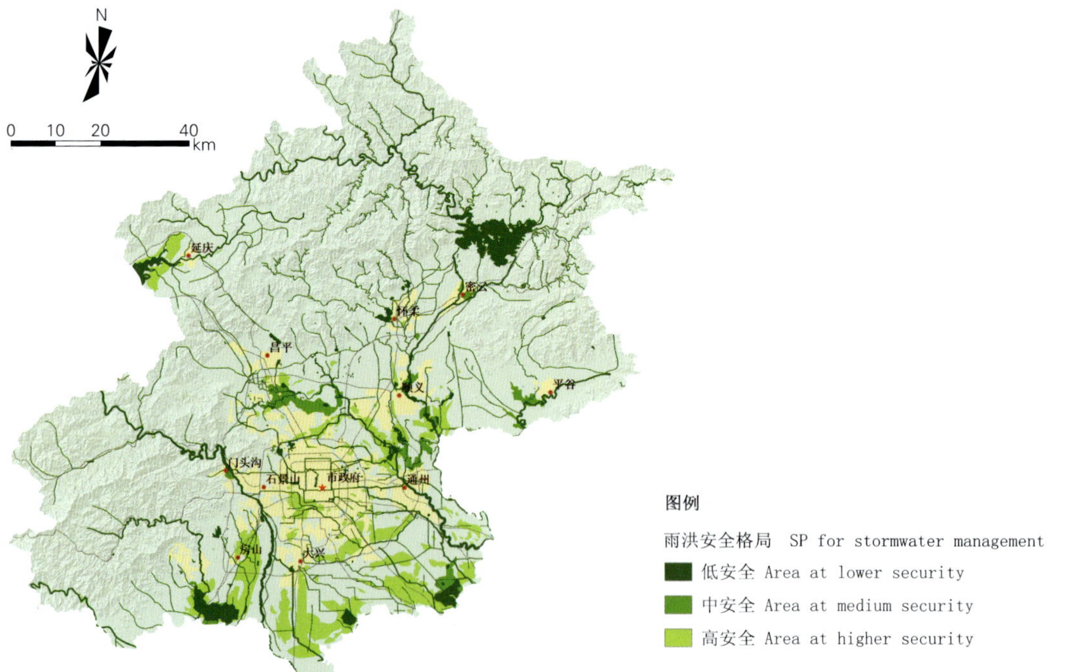

彩图 16 北京市雨洪安全格局

Fig.16 Security Pattern for Stormwater Management in Beijing

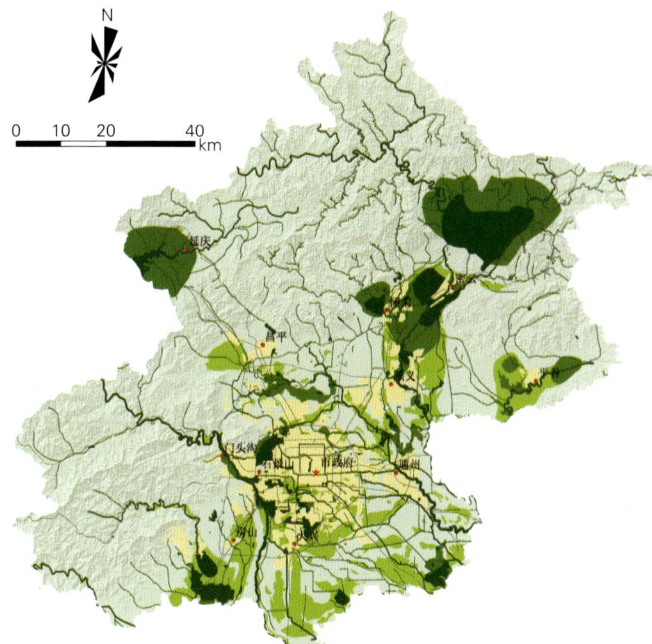

彩图 17　北京市综合水安全格局

Fig.17　Comprehensive Water Security Pattern in Beijing

图例

综合水安全格局　Comprehensive water SP

低安全水平 Area at lower security

中安全水平 Area at medium security

高安全水平 Area at higher security

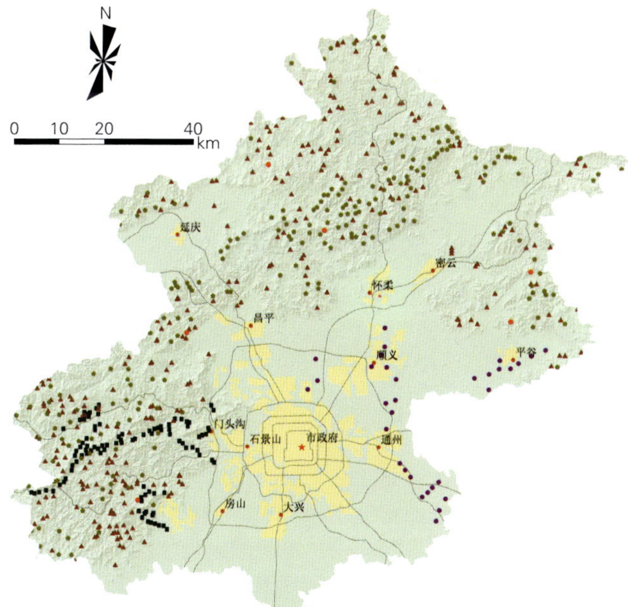

彩图 18　北京市地质灾害点分布图

Fig.18　Distribution of Geological Disasters in Beijing

（数据来源：北京市国土资源局）

图例

地质灾害点　Geological disaster point

滑坡 Landslide

泥石流 Debris flow

崩塌 Collapse

采矿塌陷区 Mining subsidence

地裂缝 Ground fissure

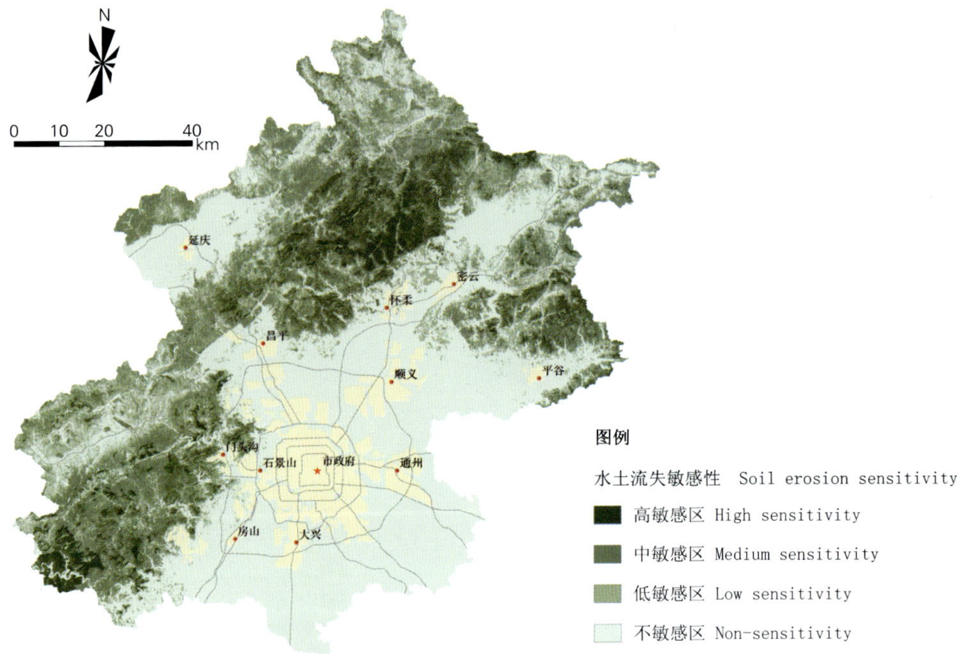

彩图 19　北京市水土流失敏感性分布图

Fig.19　Sensitivity Assessment of Soil Erosion in Beijing

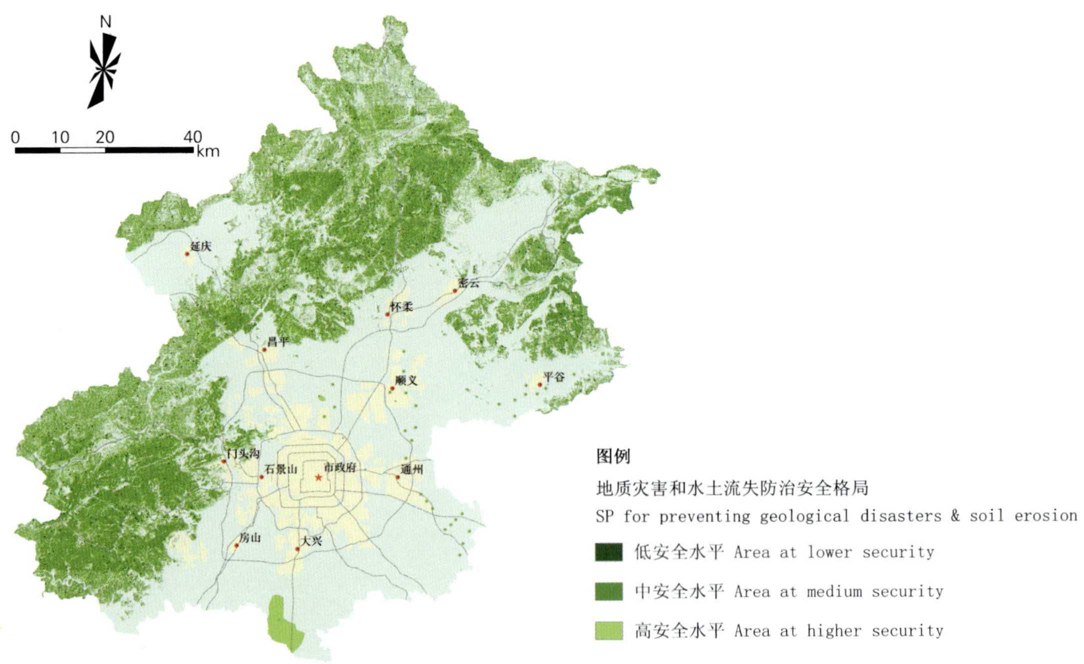

彩图 20　北京市地质灾害和水土流失防治安全格局

Fig.20　Security Pattern for Geological Disasters and Soil Erosion in Beijing

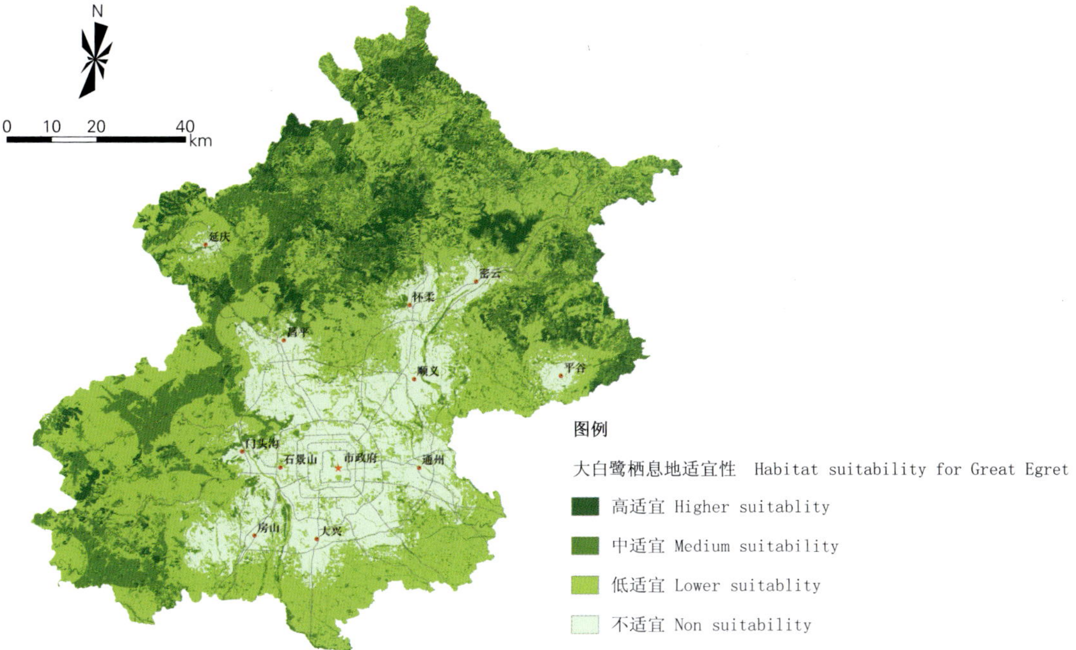

彩图 21 大白鹭栖息地适宜性图
Fig.21 Habitat Suitability Analysis for Great Egret

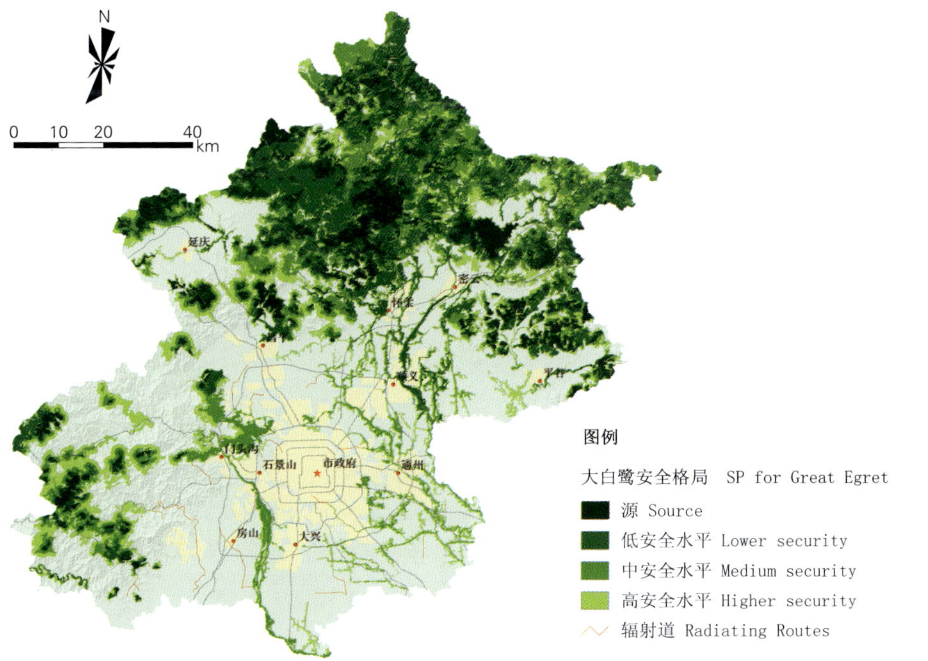

彩图 22 大白鹭安全格局
Fig.22 Security Pattern for Large Egret

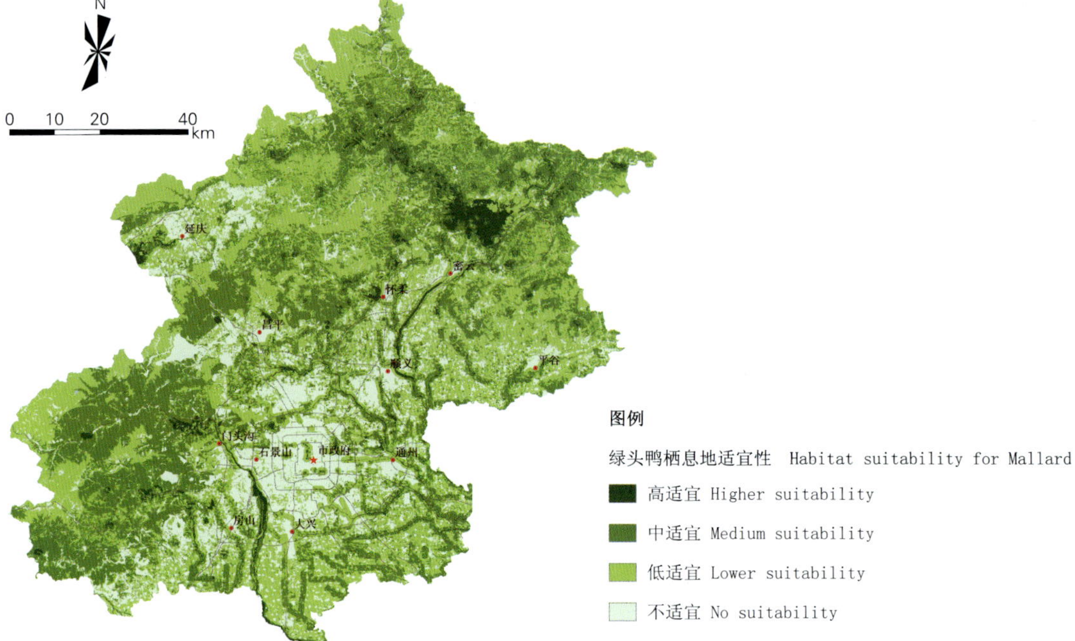

彩图 23 绿头鸭栖息地适宜性图

Fig.23 Habitat Suitability Analysis for Mallard

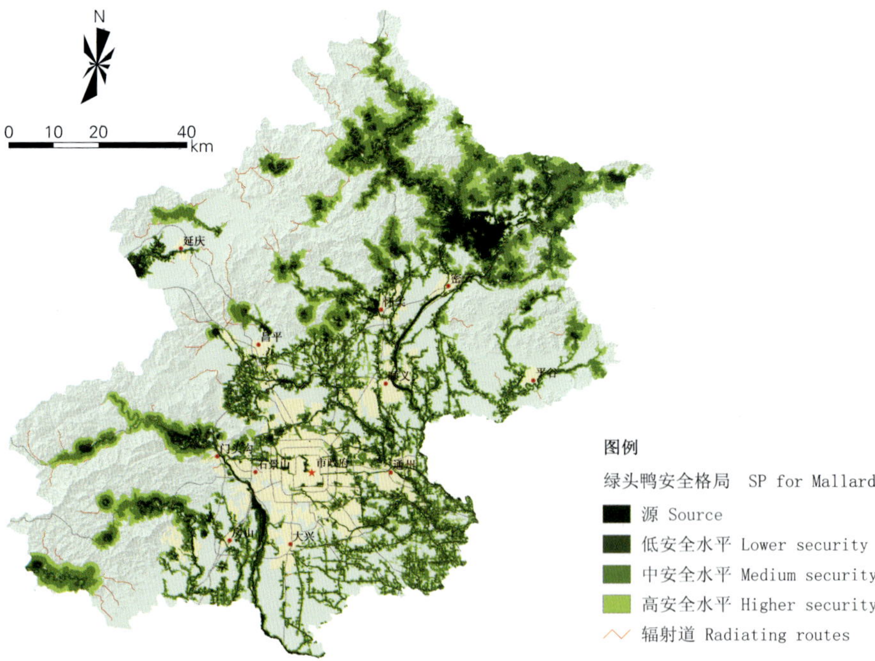

彩图 24 绿头鸭安全格局

Fig.24 Security Pattern for Mallard

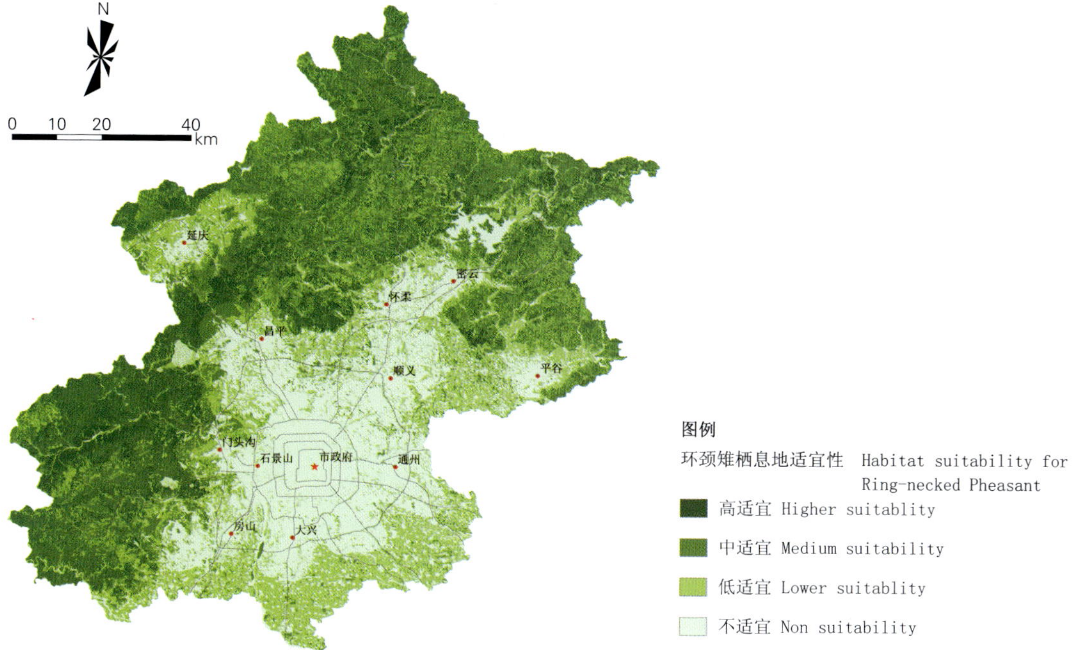

彩图 25 环颈雉栖息地适宜性图

Fig.25 Habitat Suitability Analysis for Ring-necked Pheasant

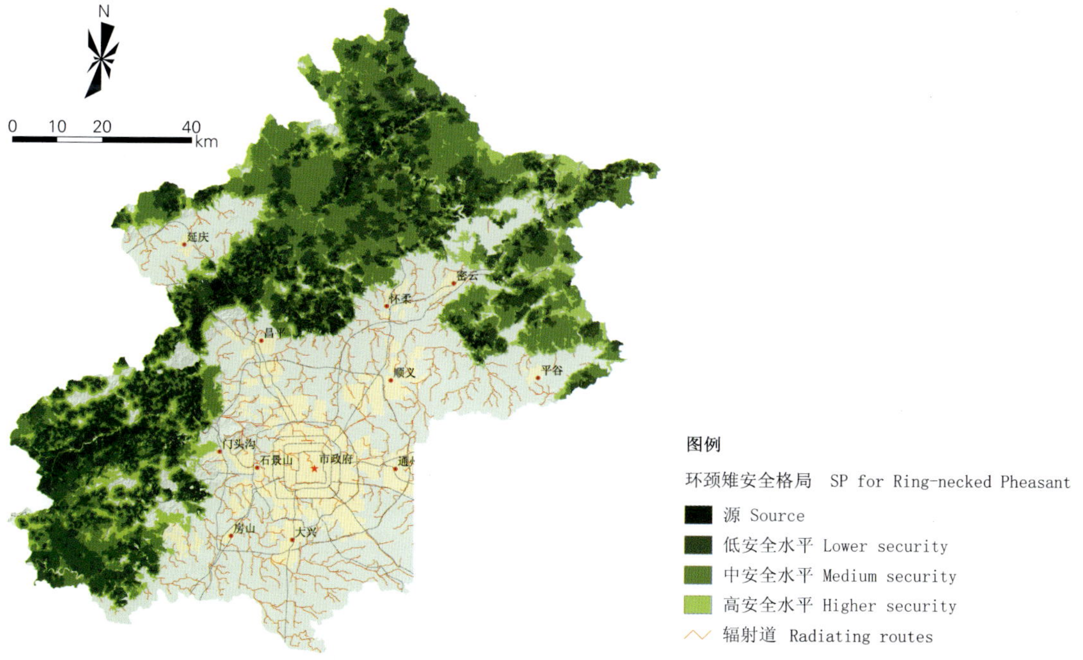

彩图 26 环颈雉安全格局

Fig.26 Security Pattern for Ring-necked pheasant

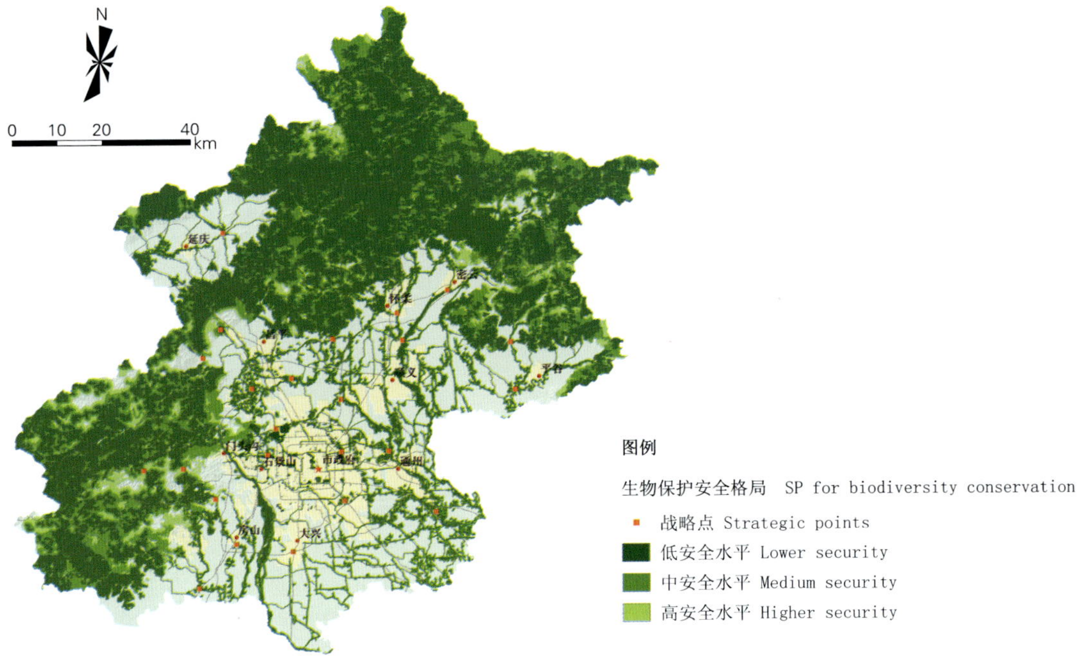

彩图 27 北京市生物多样性保护安全格局

Fig.27 Security Pattern for Biodiversity Conservation in Beijing

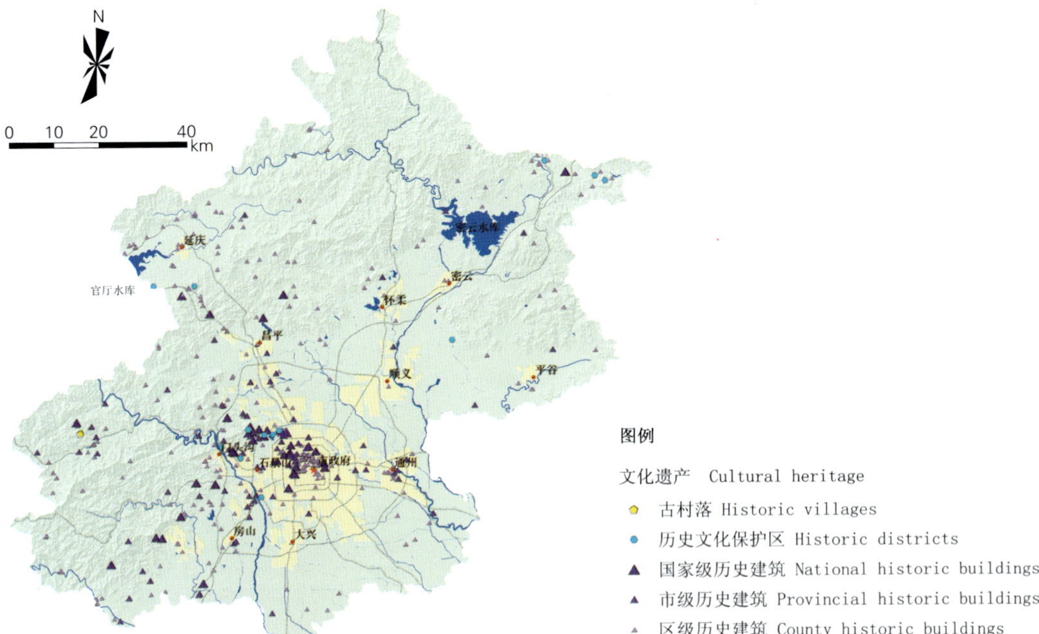

彩图 28 北京市历史建筑、历史街区和古村落分布图

Fig.28 Distribution of Historic Buildings, Villages and Districts in Beijing

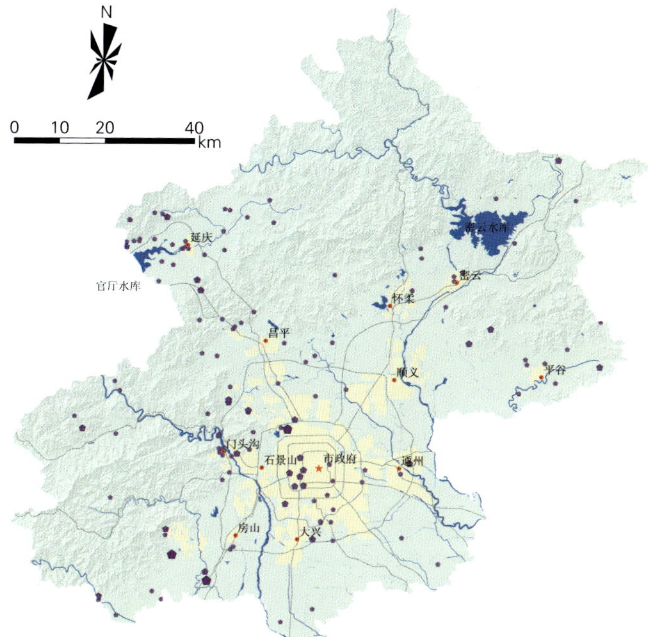

图例

古遗址和古墓葬 Relics and Tombs

- 国家级 National level
- 市级 Provincial level
- 区级 County level

彩图 29　北京市古遗址和古墓葬现状分布图

Fig.29　Distribution of Historic Sites and Tombs in Beijing

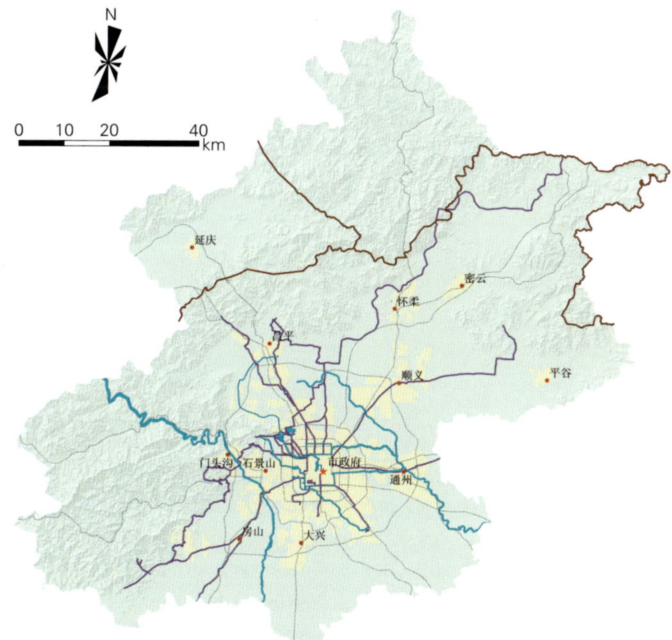

图例

线性文化遗产　Linear cultural heritage

- 长城 The Great Wall
- 历史文化线路 Historic routes
- 历史河湖水系 Historic water system

彩图 30　北京市线性文化遗产分布图

Fig.30　Distribution of Linear Cultural Heritage in Beijing

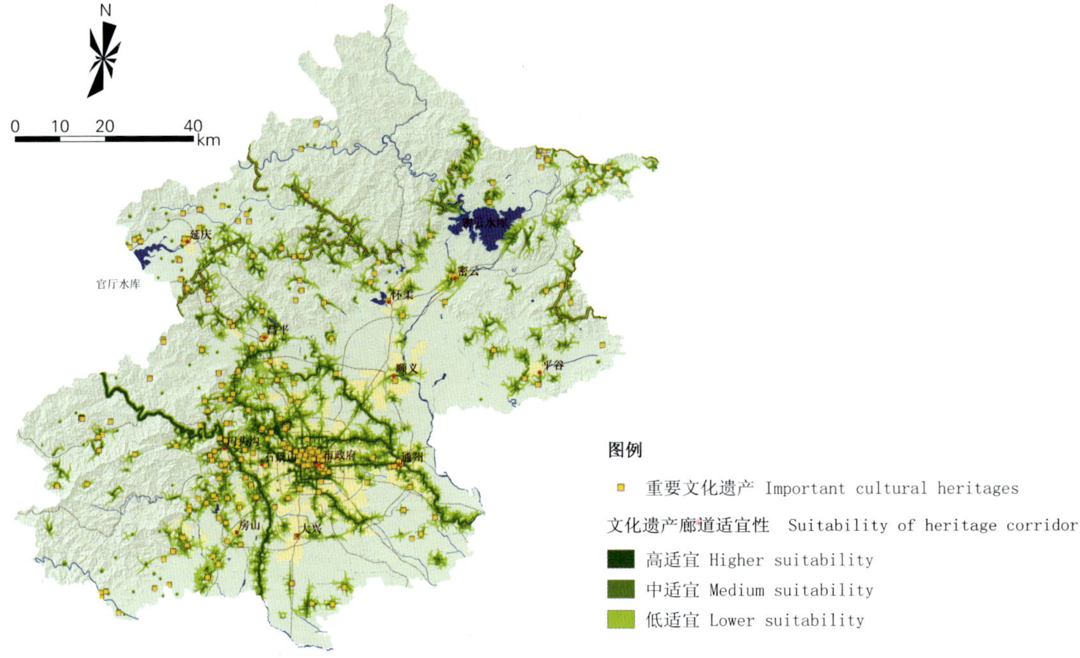

彩图 31 北京市遗产廊道适宜性分析

Fig.31 Analysis of Suitability of Heritage Corridor in Beijing

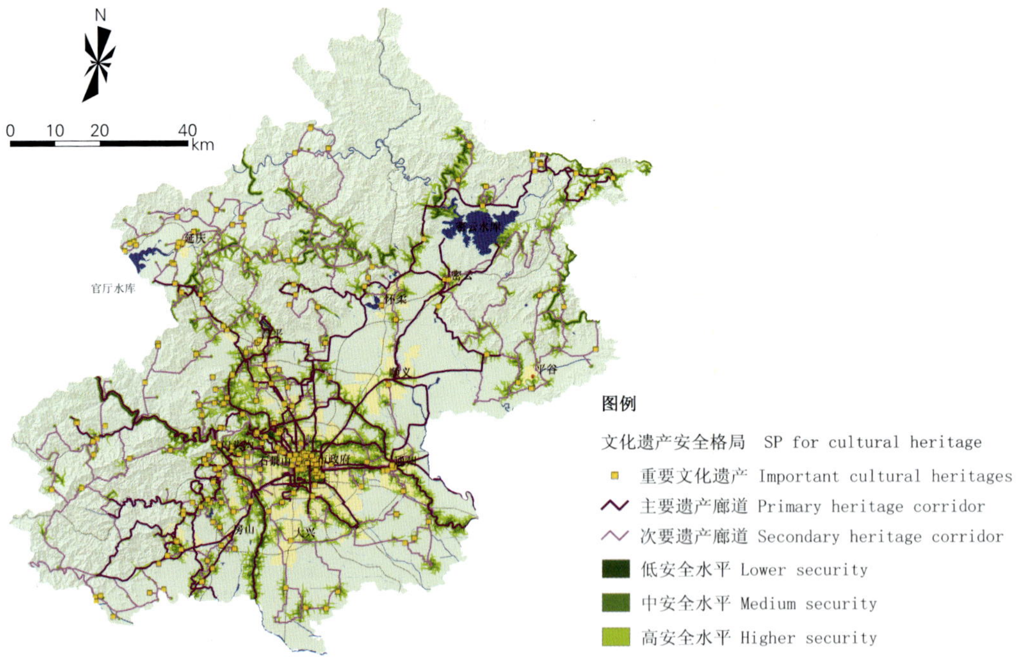

彩图 32 北京市文化遗产安全格局

Fig.32 Security Pattern for Cultural Heritage Conservation of Beijing

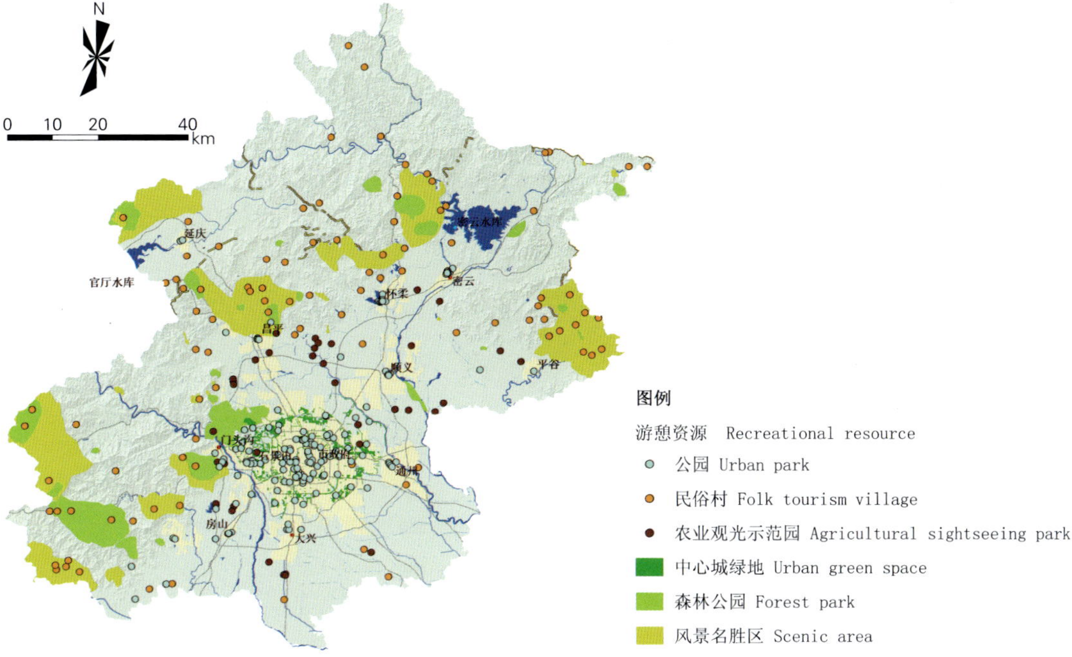

彩图 33 北京市游憩资源分布图

Fig.33 Distribution of Recreational Resources in Beijing

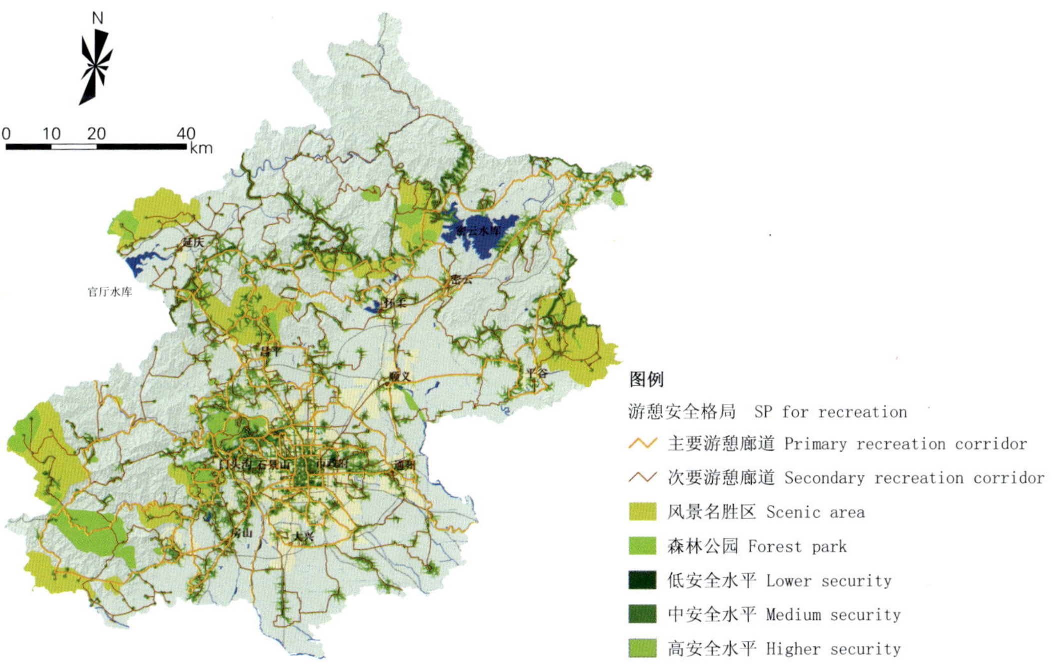

彩图 34 北京市游憩安全格局

Fig.34 Security Pattern for Recreation in Beijing

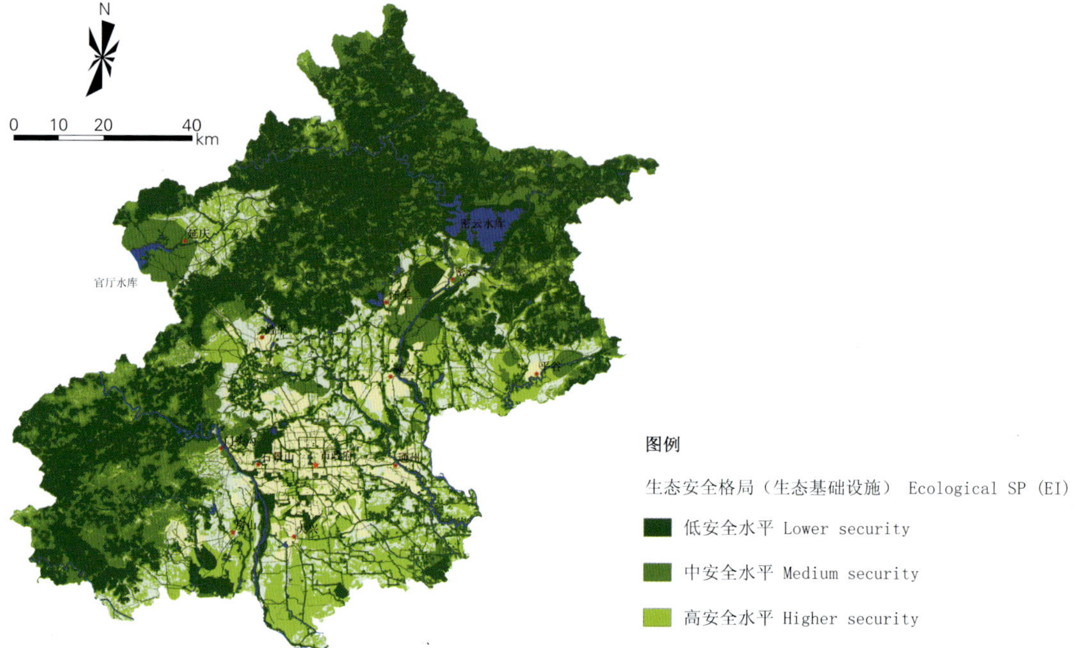

彩图 35　北京市综合生态安全格局（生态基础设施）
Fig.35　Comprehensive Ecological Security Pattern of Beijing (Ecolocial Infrastructure)

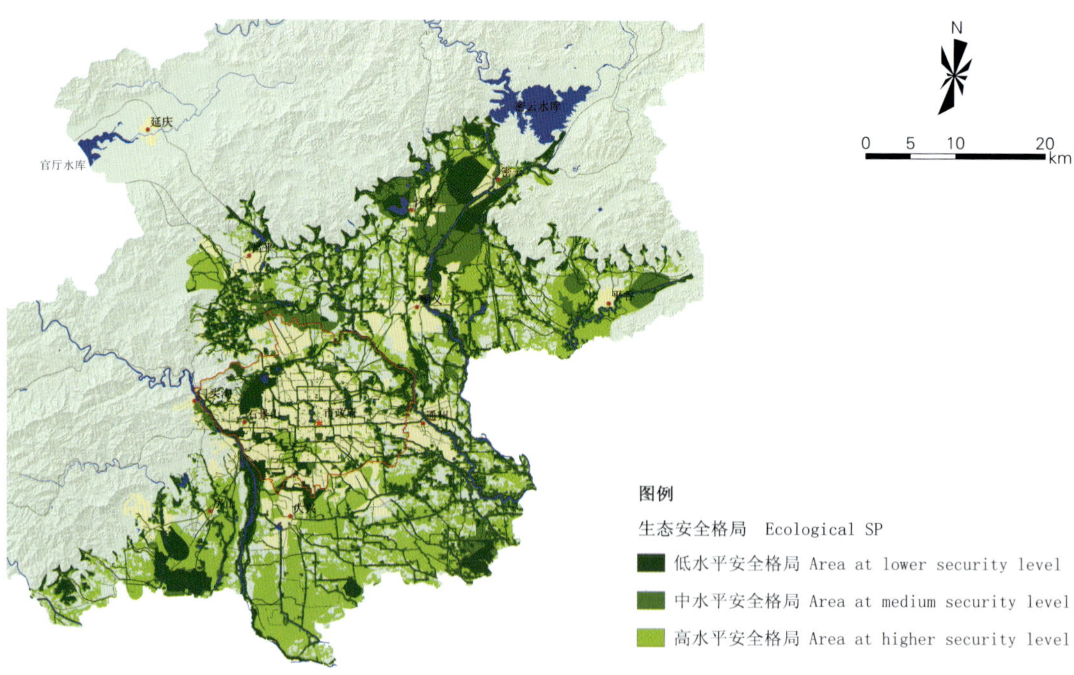

彩图 36　北京小平原生态安全格局
Fig.36　Ecological Security Pattern in Beijing Plain

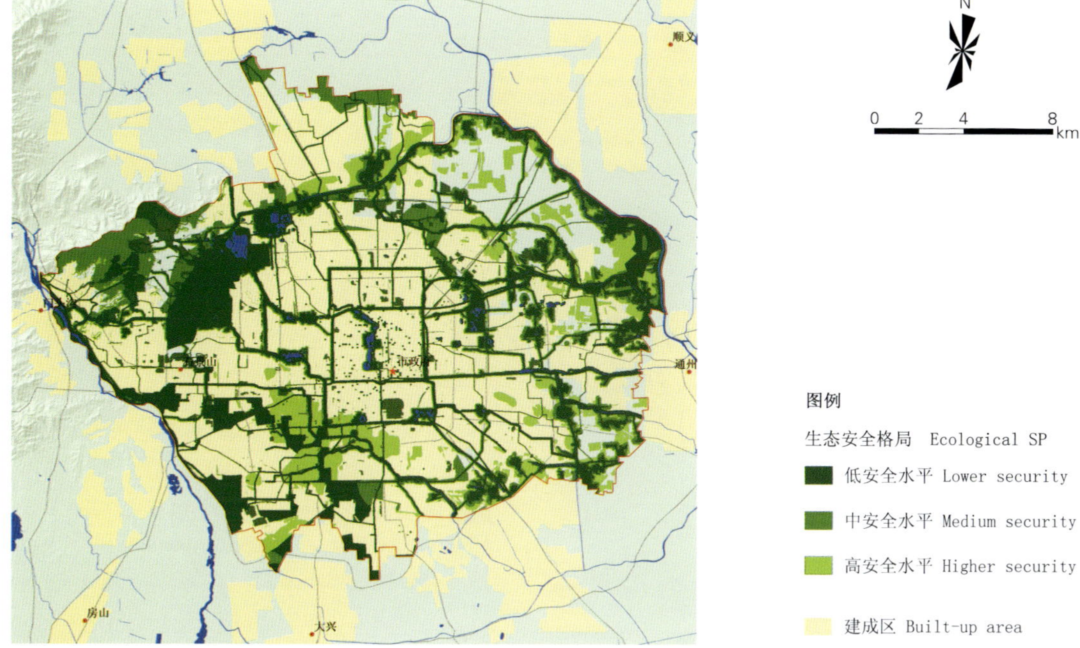

彩图 37　中心城区生态安全格局

Fig.37　Ecological Security Pattern in Central Urban Area

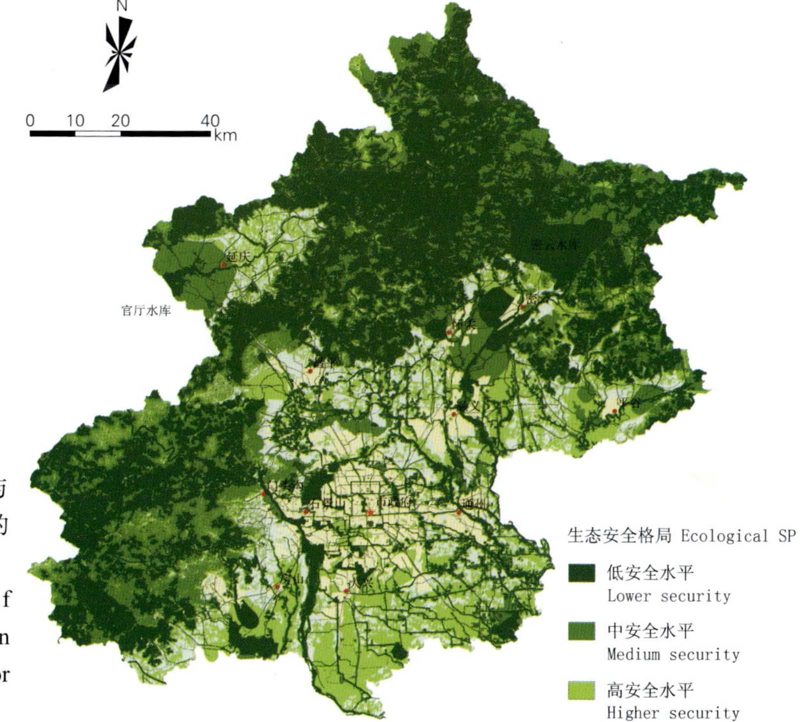

彩图 38　生态安全格局与《限建区规划》研究成果的比较

Fig.38　Comparison of Ecological Security Pattern and Restriction Planning for Construction

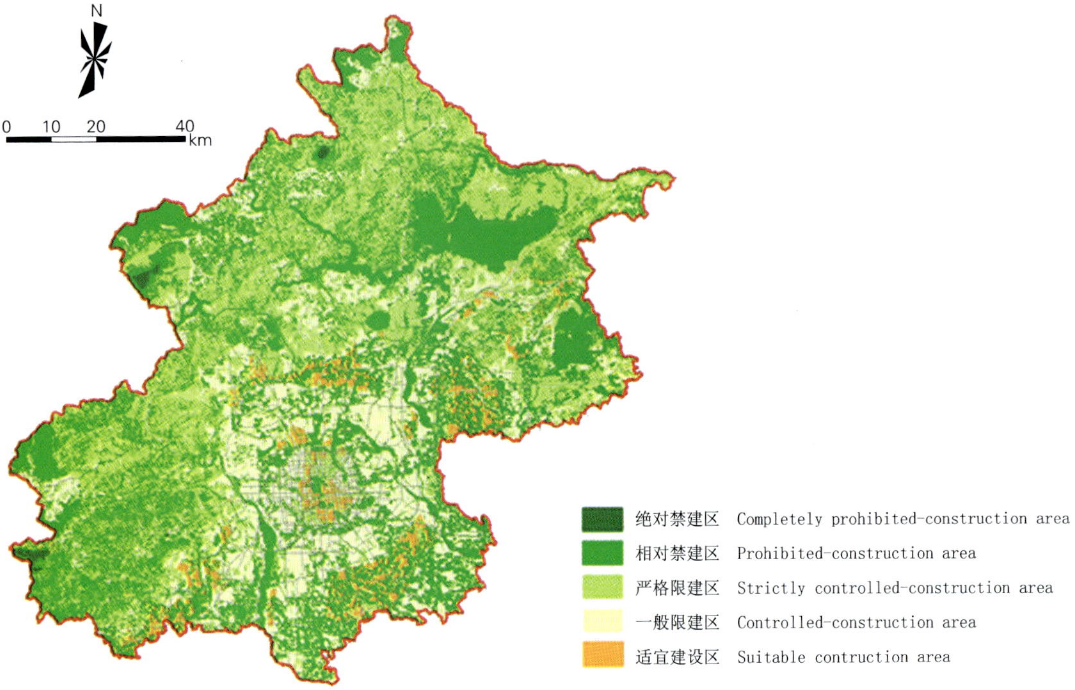

N
0 10 20 40 km
绝对禁建区 Completely prohibited-construction area
相对禁建区 Prohibited-construction area
严格限建区 Strictly controlled-construction area
一般限建区 Controlled-construction area
适宜建设区 Suitable contruction area

彩图 38 （续图）

N
0 10 20 40 km
密云水库
延庆
官厅水库
密云
怀柔
昌平
顺义
平谷
门头沟
石景山
市政府
通州
房山
大兴
图例
建设用地规模 Scale of construction area
现状建设用地 Existing construction area
3800 km²
4000 km²
4500 km²
5000 km²
>5000 km²

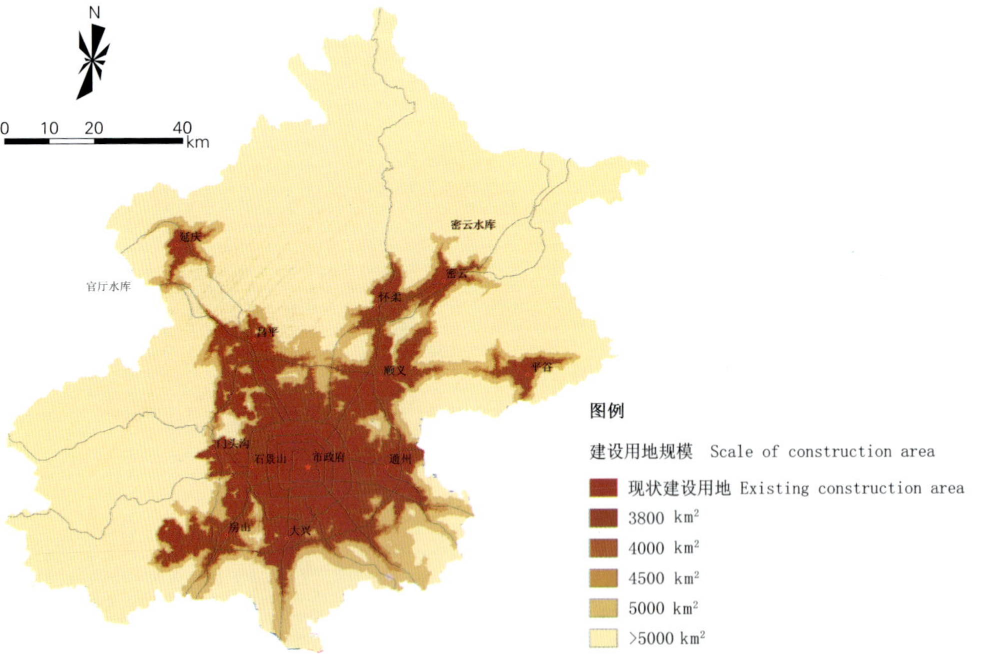

彩图 39　预景 1：无生态约束下的城镇增长格局

Fig.39　Scenario 1：Urban Growth Pattern without Ecological SP

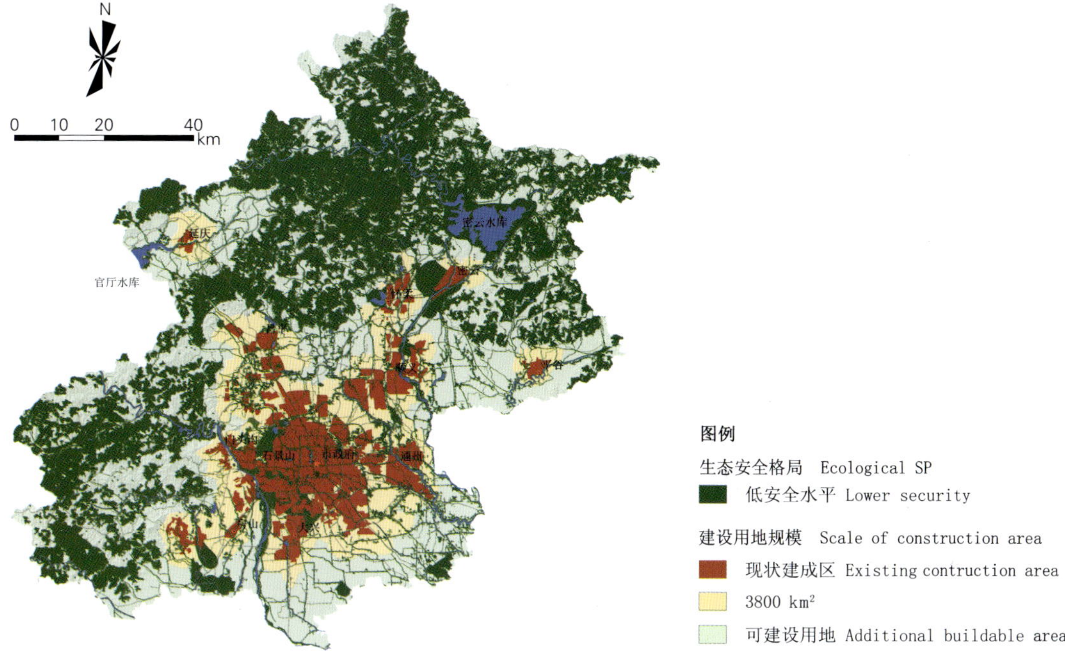

彩图 40　预景 2：基于底线生态安全格局的城镇增长格局

Fig.40　Scenario 2：Urban Growth Pattern Based on Minimum Ecological SP

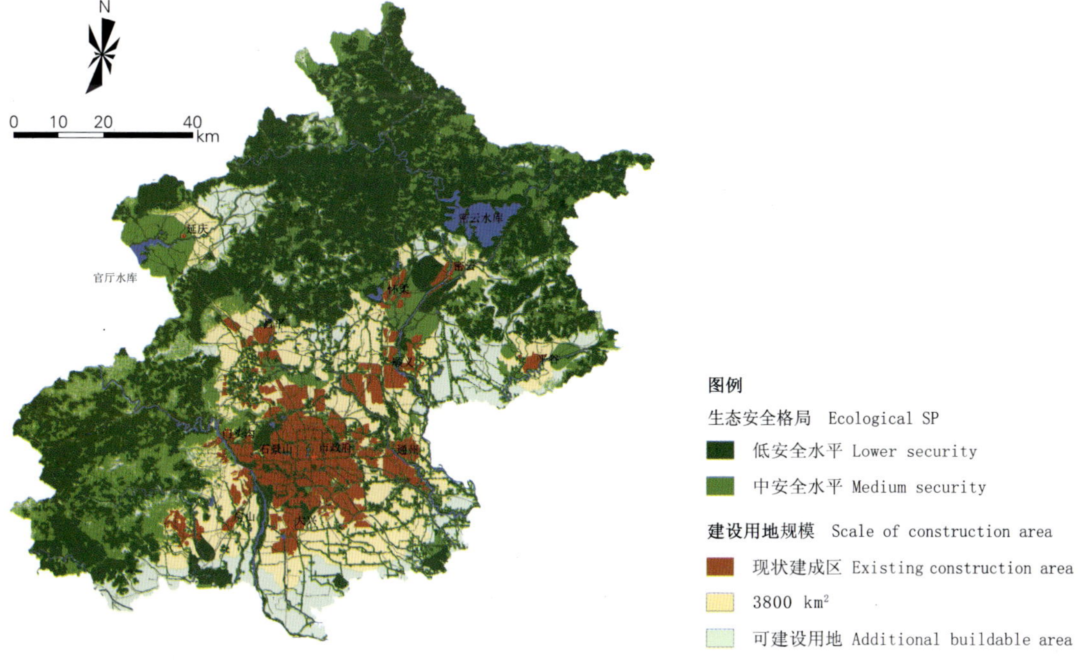

彩图 41　预景 3：基于满意生态安全格局的城镇增长格局

Fig.41　Scenario 3：Urban Growth Pattern Based on Satisfying Ecological SP

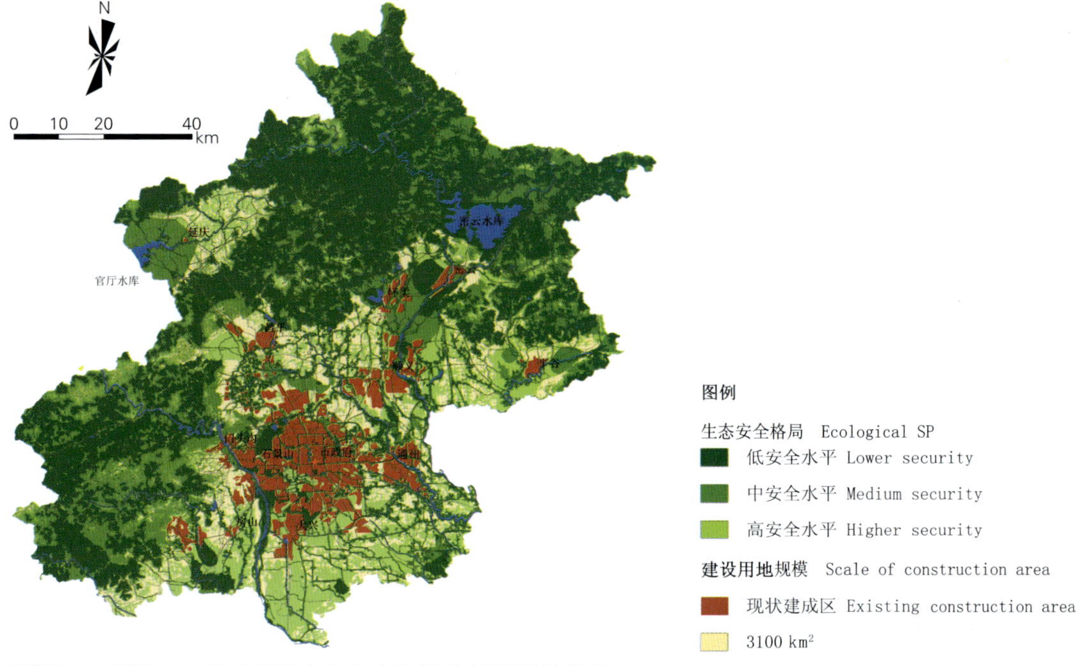

彩图 42 预景 4：基于理想生态安全格局的城镇增长格局

Fig.42 Scenario 4：Urban Growth Pattern Based on Ideal Ecological SP

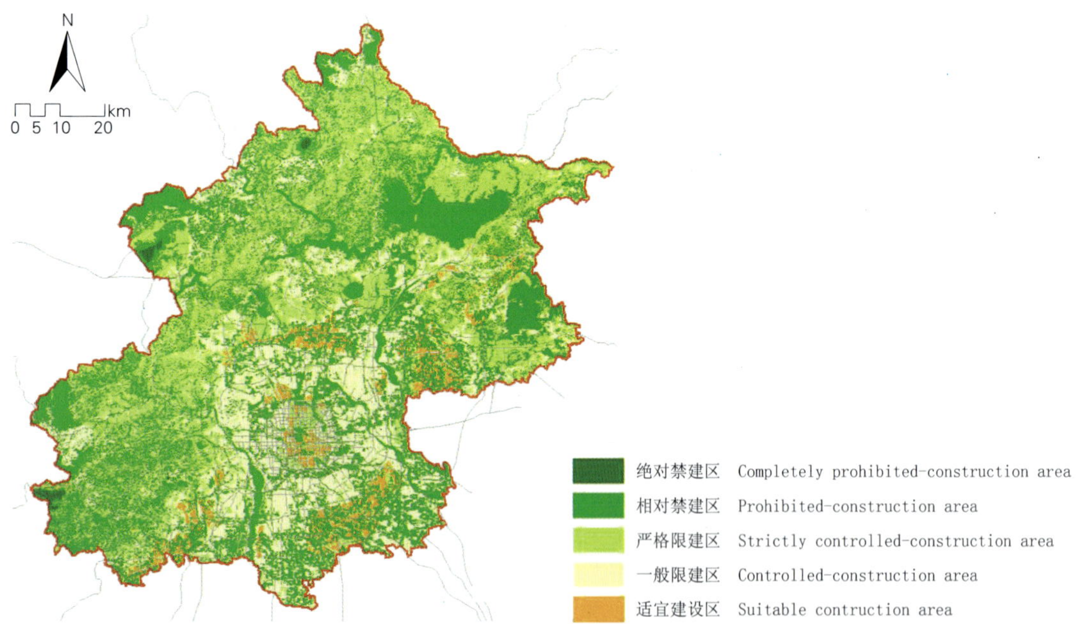

彩图 43 预景 5：基于限建区规划的城镇增长格局

Fig.43 Scenario 5：Urban Growth Pattern Based on Planning with the Restrains of Beijing Urban Non-built-up Space

（图片来源：《北京市限建区规划》，2007）

区域生态安全格局：北京案例

俞孔坚　王思思　李迪华　著

中国建筑工业出版社

图书在版编目(CIP)数据

区域生态安全格局：北京案例 / 俞孔坚，王思思，李迪华著．—北京：中国建筑工业出版社，2011.12
ISBN 978-7-112-13663-6

Ⅰ．①区… Ⅱ．①俞… ②王… ③李… Ⅲ．①区域环境：生态环境－安全性－研究－北京市 Ⅳ．① X171.1 ② X321.21

中国版本图书馆CIP数据核字（2011）第205521号

责任编辑：郑淮兵
责任设计：叶延春
责任校对：刘梦然 陈晶晶

区域生态安全格局：北京案例
俞孔坚 王思思 李迪华 著
*
中国建筑工业出版社出版、发行（北京西郊百万庄）
各地新华书店、建筑书店经销
北京嘉泰利德公司制版
北京云浩印刷有限责任公司印刷
*
开本：787×960毫米 1/16 印张：11¼ 插页：12 字数：236千字
2012年1月第一版 2016年9月第二次印刷
定价：**40.00**元
ISBN 978-7-112-13663-6
（21420）

序　一

有限的土地资源和巨大的人口压力一直困扰着中国，从而也使科学合理的土地利用规划，成为中国能否实现可持续发展的关键。从过去的国土资源部规划司负责人，到今天的总规划师，我本人多年来主持国家的土地总体利用规划工作，所思所想皆在探寻科学的土地利用规划之路，以缓解我国面临的城市快速发展对土地的急需，保护耕地以维护粮食安全，以及生态屏障的建立以维护国土生态安全三者之间的尖锐矛盾。新一轮全国总体规划的启动，使得对科学的规划方法论的探索更加迫切。俞孔坚及其北大团队提出并实践着的“反规划”途径和基于生态安全格局的土地和城市规划方法论，无疑为科学的土地利用规划和城市规划开辟了一条新路，带来了新风。作为长期关注俞孔坚及其团队研究和实践的专业工作者，我祝贺他们研究成果的出版，并由衷感谢他们为中国的国土生态安全和土地利用规划工作，特别是北京市的土地利用规划的创新所做的贡献。

我本人与俞孔坚及其团队有比较多的交流。其中包括在2007年他们还在开展北京市国土安全格局研究期间，我带领国土资源部规划司和规划院的许多同志到他们的工作室考察交流，以及俞教授多次参与国土资源部组织的关于土地利用规划的讨论。我本人也参与了俞教授主持的北京市有关课题研究的评审和研讨。对他们多年来在北京开展的土地研究和规划，感到很振奋。同时，对北京市国土资源局的创新意识和探索精神表示钦佩和赞赏。

全国新一轮土地利用总体规划运用了“反规划”的理论和思想，提出优先设定国土生态网络屏障用地，构建核心生态网络体系；保护耕地和基本农田，充分发挥耕地的生产、生态双重功能；协调安排基础设施用地，避让生态网络；优化城乡用地布局，与农田穿插布局，构建城乡宜居环境；拓展城乡生产和绿色空间，按最佳生态效益尽可能多安排绿色生态空间；构建土地利用景观风貌，留置文化景观廊道，延续自然和人文机理，为建设美好家园奠定宏观基础。

我希望北京大学研究团队和北京市国土资源局在首都的研究和探索能为全国其他地区的国土规划和土地利用规划和管理的改进有积极的推动。

胡存智

（中华人民共和国国土资源部党组成员，总规划师）

2011年7月7日

序　二

北京是我们伟大祖国的首都，全国的政治中心、文化中心。进入21世纪以来，北京市各项经济社会事业快速发展，土地资源的供给和需求矛盾日益尖锐。对于北京市来说，土地不仅承担着粮食生产的基本职能，而且还肩负着保障生态安全和社会经济发展的重要使命。如何正确处理好规划土地资源保护与利用的关系，协调生态用地、农用地、建设用地的结构、布局与时序，根据土地属性和需求充分发挥土地复合功能，促进土地合理利用和高效配置，是困扰着北京市土地利用规划管理的重大问题。传统的土地规划优先满足社会经济发展需求，重视土地利用的数量和结构，而没有将土地作为一个有生命的系统，切实保护这一系统结构的完整性和功能的复合性，造成了土地资源的浪费和生态质量的下降。

“北京市生态安全格局战略研究”正是在这样的背景下展开。作为《北京市土地利用总体规划（2006–2020年）》的重要专项研究，课题在北京城市快速发展和生态环境问题日益突出的背景下，以全面而完整地维护土地生命系统及其生态系统服务为目标，以尊重自然生态过程、保护历史文脉为原则，在系统分析北京市自然、生物、人文三大过程的基础上，建立起连续而完整的北京市生态安全格局和生态基础设施网络，并以此来对生态用地、建设用地和农用地的规模、结构、布局进行控制和引导。这一研究思路，对落实科学发展观，维护国土生态安全，构建和谐社会，具有极为重要的宏观指导意义。研究成果具有创新性、前瞻性、科学性和实用性。

一是创新性与前瞻性。课题以“反规划”理论为指导，创造性地将生态安全格局应用到土地资源规划管理中。课题重点对传统土地管理中的弱势地类——非建设用地（特别是未利用地）进行了系统研究：紧紧围绕北京市面临的关键性生态问题，通过对自然与人文过程的模拟，明确了各类用地的生态功能及其在空间上的分布，识别和规划了生态基础设施的战略格局，并预测了北京城市扩张的趋势以及在不同生态安全水平下的全市土地利用的总体格局。这为北京市土地资源的科学管理提供了重要的空间依据，为实现北京市土地资源的精明保护与精明增长提供了全新的解决思路。

二是科学性。课题研究以生态学、景观生态学、自然地理学、水文学等多学科知识为基础，以地理信息系统为主要技术手段，通过建立水文、地质、生物保护、乡土文化遗产和游憩等单一过程分析与模拟，构建针对不同过程的安全格局，进而整合形成综合生态安全格局，并在此基础上提出城镇空间发展预景和土地利用格局的优化策略。课题以第二次土地调查的最新数据以及1：50000地形图作为基础数据，从数据来源上保证了科学性和精确性。课题经过反复论证和修改完善，充分吸取了专家和土地管理部门的意见，形成了可靠的研究成果。

三是实用性。作为一项课题，“北京市生态安全格局战略研究”并没有停留在学术研究层面上，而是自始至终都与首都土地规划管理的实际需求相结合，为北京建设宜居城市、世界城市的宏伟目标而服务，形成了符合首都特点的研究成果。研究成果既符合省级土地利用总体规划专题研究的精度要求，很好地体现了研究的战略性与指导性，对全市范围内的生态保护的战略目标、空间格局、重点区域等做出了指导；同时其深度又满足指导下位规划的实际需求，对于区县级土地利用规划具有很强的指导意义，可以持续地影响地方决策。

综上所述，本书系统展示了“北京市生态安全格局战略研究”的思路和成果。我希望本书的出版可以将近年来北京市土地利用总体规划编制过程中的新思路、新方法与广大读者共享，为兄弟省市乃至全国土地规划与管理提供新的视角。

张维
（北京市国土资源局副局长，注册城市规划师）
2011年7月2日

序　三

从2007年年初至今，北京大学景观设计学研究院与北京市国土资源局规划勘测中心进行了长达四年半的合作。在这个过程中，俞孔坚教授及其所带领的团队在土地规划管理的思路与方法上进行了一次又一次大胆的尝试与创新，本课题正是这一长期合作的开端。本研究历时一年半，通过广泛深入的实地调研，大量的严谨而富有创造性的分析研究，以及与专家、各级土地管理部门的反复交流和修改完善，最终形成了经得起时间考验并且具有很强实用性的研究成果。

作为《北京市土地利用总体规划（2006-2020年）》的重要专题研究之一，本课题所倡导的"反规划"和"生态基础设施"等理念已被纳入到《北京市土地利用总体规划（2006-2020年）》中，研究的具体成果与指标也在规划文本和图纸中得以充分体现，如规划大纲中"构建城乡生态安全格局"、"保护基础性生态用地"、"推进生态基础设施"等章节，都是课题思路与成果的凝练与直接体现。此外，本课题也为"北京市土地利用总体规划环境影响评价"、"北京市基本农田划定标准与潜力研究"等相关课题提供了重要的评价依据。

本课题为双方的合作提供了工作思路与方法上的共识。在本研究的基础上，双方又先后开展了"北京市朝阳区东三乡土地利用规划"、"北京市生态基础设施用地划分标准及管制规则研究"、"北京市浅山区土地利用战略研究"、"北京市浅山区土地利用规划"等多项研究课题和规划。这一系列课题在不同空间尺度上，在从土地分类、空间规划到政策制定等各个环节上，充分贯彻了"反规划"与生态基础设施的核心理念，为推进北京市土地管理的科学化提供了有力支持。

在整个过程中，俞孔坚教授以及北京大学景观设计学研究院投入了巨大的热忱与精力：北京大学先后有十余名专职工作人员和上百名研究生参与课题研究，并且有数十名硕士生、博士生以北京市为例完成了学位论文；课题组成员的足迹踏遍了北京市的各个区县，甚至是各个乡镇，进行了大量的实地调研和问卷调查，掌握了丰富的第一手数据；北京大学景观设计学研究院还积极与美国哈佛大学、德国汉诺威大学等国内外知名高校、科研机构进行深入合作，以工作营的方式对未来北京市土地资源的管理提出了富有创造力的构想与思路；这些都为课题的顺利完成以及研究成果的科学性提供了最有力的保证。

陶志红
（北京市国土资源局规划处处长，人文地理学博士）
2011年7月4日

前　言

中国的城市面临着生态保护和经济发展的双重压力，如何有效协调城市发展和生态保护之间的矛盾，实现精明发展与精明保护，已成为学术界和决策部门面对的严峻挑战。过去30年间，北京市经历了快速城镇化进程和大规模的土地覆被/利用变化，这给区域生态系统的结构和功能带来了严重破坏，导致了水土资源短缺，水文调节能力下降，生物栖息地和生物多样性丧失，生态系统的审美、启智、游憩服务质量严重下降等问题。实践证明：以人口预测为基础的传统城市规划理论，和以建筑、交通基础设施为主导的城市建设方式，是产生上述问题的主要根源之一，我国城市规划体系急需一场根本性变革，以适应生态文明时代的新发展和新要求。本研究系统运用了“反规划”途径，通过优先识别和规划生态基础设施，来引导和限定城市扩张与城市形态，从而实现对土地的精明保护与高效利用。

“反规划”途径的关键在于：城市的发展建设规划必须以土地的生态过程和格局为依据和基础，优先进行不建设区域的控制，再根据社会经济发展的需要进行建设用地规划和布局。这个不建设区域的核心就是生态基础设施（Ecological Infrastructure），是城市发展中不可逾越的生态底线。生态基础设施由维护自然资产和生态系统服务的关键景观要素及空间格局所构成，是支撑人类社会可持续发展的基础。“反规划”途径以及基于生态基础设施的城镇扩展格局规划，在景观城市主义和生态学、景观生态学之间，在自然资产、生态系统服务的概念和可持续发展之间架起了一座桥梁，是实现精明保护与精明增长的有效途径。它可为国土空间规划提供重要的科学依据，为主体功能区划中的“禁止建设区域”和“限制建设区域”划定提供重要参考。

本书以北京市为例，在“反规划”理论的指导下，综合运用景观安全格局理论和GIS、RS技术，通过对水文、地质灾害、生物、文化遗产和游憩过程的模拟和分析，判别维护上述过程安全的关键性空间格局，构建不同安全水平的综合生态安全格局，特别是界定最低安全标准下的景观格局。并以生态安全格局为刚性框架，模拟北京城镇空间扩展格局。研究结果显示：基于生态安全格局和生态基础设施的城镇增长格局，用尽可能少的土地，维护了城市的基本生态系统服务，同时为城市发展提供了充足的建设用地，是解决当前北京市人地关系紧张、协调生态保护与经济社会发展的有效途径。

翻开封存的日志，故事始于2007年2月2日，周五，农历是腊月十五，过年的气氛已开始蔓延在北京上地中关村发展大厦的办公楼里。下午2∶30，北京市国土资源局副局长张维，偕时任规划勘测中心主任的陶志红博士，以及汪少群、王茹和马强一行来到我在上地的办公室，大家畅谈至下午6∶00，核心议题是如何解决北京市日益紧张的土地利用矛盾，探讨如何在生态环境建设、耕地保护和快速城市化之间找到平衡。我系统阐述了"反规划"思想和基于生态基础设施建设的城市规划和土地利用规划方法论。获得了广泛的共识，并一致认识到，现行的土地规划和城市规划方法论亟待改革。于是，一个课题便孕育而生，北京市国土资源局的同志希望北京大学景观设计学研究院和北京土人建筑与景观规划设计研究院，能尽快开展"北京市生态安全格局战略研究"，以作为进一步开展北京市土地和城市规划研究的基础。

送走客人后，我即组织了精干人员，制定了"北京市生态安全格局研究与生态基础设施规划编制计划书"，并于2月13日报送国土局。春节之后，研究便进入实质性的阶段。主要由北京大学的老师和博士生及硕士生构成研究队伍。基于北京大学景观设计学研究院多年的资料积累和北京市国土资源局规划编制中心的全力配合，使研究进展十分顺利。

在课题开展过程中还得到国土资源部领导的鼓励和支持。2007年7月20日下午，时任国土资源部规划司司长的胡存智和副司长刘国红带领国土资源部规划司和中国土地勘测规划院一行8人莅临我院办公室，探讨同样的关于土地规划与生态保护的问题，重点探讨如何在国土资源部正在开展的新一轮土地规划的方法论问题,特别是"反规划"的思想和方法论。我系统汇报了"反规划"理论和方法，并演示了正在进行中的北京市生态安全格局战略研究，得到了充分肯定。胡存智说"难能可贵的是这套先进的理论并没有只停留在理论阶段，而是在多个实践中得到运用。"（事实上，在此后的多个场合，胡存智先生都对我们所从事的研究和实践给以鼓励和倡导。）刘国红则半开玩笑地说"现在世界上能达成共识的只有两件事情，一个是反恐，另外一个就是生态环境保护。由此也可以看出生态环境对于人类的重要性。但是，我们现在的生态环境已经遭受了严重破坏，我们的国土生态安全正遭受最严峻的考验，正如现在中国很多城市正在遭受的洪水袭击一样，除了自然的因素外，人类也成了这些灾害的帮凶甚至直接制造者。而'反规划'的理念可以更好地规划我们的城市，更好地保护我们赖以生存的生态体系。"国土资源部领导和专家的鼓励给了我们更大的信心。

历时一年半之后，课题完成，并于2008年8月21日在北京西郊的实创西山培训中心进行课题评审。评审委员会由张维、傅伯杰、王仰麟、欧阳志云、陈百明、李秀彬、江源、闵庆文等专家学者组成。研究成果和水平得到了专家们的高度评价，并提出了宝贵建议。这个成果便成为本书的基础和核心内容，专家们的建议都在本书中得到了采纳，在此表示感谢。

作为课题组负责人，我由衷感谢北京市国土资源局领导的信任和支持，正是由于他们的积极创新和求索的精神，才有了一个研究课题，也使北京大学研究团队多年来的理论研究得以在北京大地上应用和检验。特别感谢张维、陶志红、汪少群、王茹、马强和谯贇等的实质性参与和支持。

参加该课题的人员除了本书作者外，还包括北京大学景观设计学研究院和北京土人景观与建筑规划设计研究院的乔青、袁弘、李春波、胡望舒、李青、李婷、曹燕群、陈春娣、佘依爽、宋吉涛、杨言生、孙齐、张丹明、熊亮、姬婷、李云圣、汤敏、廖慧怡、杨骞、柳超强、王晓慜、姜芊孜、马丽、王洁、胡佳文、钟晨等。

感谢北京大学的武弘麟、韩光辉、韩茂莉、吕植等教授的指导和帮助。感谢北京的王放、冯永锋、张峻峰先生和美国的 Jack Ahern，Frederick Steiner，Robert Searns 等专家给予的指导和帮助！

俞孔坚
2011 年 6 月 19 日

目 录

第一章　北京市可持续发展面临的生态挑战

1.1　北京市概况

1.1.1　自然环境

地理地貌：北京市位于华北平原西北隅，北纬39° 26′ ~41° 03′，东经115° 25′ ~117° 30′，面积为16410km^2。地势西北高，东南低，海拔高度最高处2303m，最低处仅为4m。西部山地属太行山脉；北部山地属燕山山脉，北部与内蒙古高原相连；东南面向华北平原，距渤海仅约150km，形成"左环沧海，右拥太行，北枕居庸，南襟河济"的地理形势（霍亚贞，1989）。

气候特点：北京市的气候为典型的暖温带半湿润大陆性季风气候，夏季炎热多雨，冬季寒冷干燥，春、秋短促。年平均气温10~12℃，全年无霜期180~200天。年平均降雨量600mm左右，降水季节分配不均，全年降水的75%集中在夏季（北京市水务局，2008）。

土地资源：北京市土地总面积16410km^2，其中，山区面积占61%，平原面积占39%。土地利用结构以非建设用地为主，2007年非建设用地（包括农用地和其他土地）面积为13379km^2，占总面积的81.53%；建设用地持续快速增加，至2007年已达3031km^2，占总面积的18.47%。

水资源：北京属重度缺水地区，人均水资源占有量不足300m^3，是世界人均水资源量的1/30、全国人均水资源量的1/8，远远低于国际人均1000m^{3}的缺水下限。北京市年均降水总量98.28亿m^3，形成地表径流17.72亿m^3，地下水资源25.59亿m^3，当地自产一次水资源总量37.39亿m^3。境内有五大水系：永定河水系、拒马河水系、北运河水系、潮白河水系、蓟运河水系，多年平均入境水量16.06亿m^3，出境水量14.52亿m^3（北京市水务局，2008）。

森林资源：北京市森林资源丰富，森林面积636565.7hm^2，全市林木绿化率51.6%，森林覆盖率35.47%。其中山区林木绿化率67.85%，森林覆盖率

46.55%；平原林木绿化率 23.57%，森林覆盖率 19.10%（北京市统计局，2008）。

1.1.2 社会经济

行政区划：北京市的行政区划包括 14 个区，2 个县，127 个街道办事处，142 个镇，42 个乡。其中，东城区、西城区属于老城区范围，人口密集、经济基础较好，在新版城市总体规划中定位为首都功能核心区；朝阳、丰台、石景山、海淀区为近郊区，近年来人口和产业发展速度较快，被定位为城市功能拓展区；房山、通州、顺义、昌平、大兴区等远郊区县，具有较大的发展潜力，被定位为城市发展新区；门头沟、怀柔、平谷区和密云、延庆两县，生态保护功能突出，被定位为生态涵养发展区（彩图 1）。

人口：截至 2007 年年底，北京市常住人口 1633 万人，其中户籍人口 1213.3 万人，居住半年以上的外来人口 419.7 万人。全市常住人口密度为 995 人 /km^2。常住人口中城镇人口 1379.9 万人，城镇化水平达到 84.50%。全市人口出生率 8.32‰，死亡率 4.92‰，自然增长率 3.4‰（北京市统计局，2008）。

经济：2007 年，北京市实现地区生产总值 9353.3 亿元，比上年增长 13.3%。其中，第一产业增加值 101.3 亿元，增长 2.2%；第二产业增加值 2509.4 亿元，增长 12.7%；第三产业增加值 6742.6 亿元，增长 13.8%。三次产业结构为 1.1 : 26.8 : 72.1（北京市统计局，2008）。

居民收入：北京市城乡居民收入较快增长，居民生活水平逐渐提高。按常住人口计算，2007 年人均 GDP 达到 56044 元，比上年增长 8.9%。城市居民人均可支配收入 21989 元，城市居民恩格尔系数为 32.2%；农民人均纯收入 9559 元，农村居民恩格尔系数为 32.1%（北京市统计局，2008）。

1.2 北京市土地利用变化

1.2.1 土地利用变化（1985 ~ 2007 年）

改革开放的三十年是北京经济和人口高速增长的时期。人口从 1978 年的 872 万人增加到 2007 年的 1633 万人，GDP 从 1978 年的 108.8 亿元增加到 2007 年的 9353.3 亿元，并出现了以城镇化为主要特征的大规模土地利用和覆盖变化（住建部，2008；牟凤云等，2007）。

根据北京市国土局提供的 1985、1993、2001 和 2007 年的北京市土地利用数据（1 : 50000），以土地覆被为分类标准，将北京市土地利用类型重新划分为：耕地、园地、林地、草地、水域、其他土地和建设用地，共 7 类。每种土地利用类型的面积、比例和空间分布见彩图 2~ 彩图 5、表 1-2-1。

北京市土地利用结构变化（1985、1993、2001、2007年）　表1-2-1

地类	1985年		1993年		2001年		2007年		变化幅度面积（hm^2）
	面积（hm^2）	比例	面积（hm^2）	比例	面积（hm^2）	比例	面积（hm^2）	比例	
耕地	576739	35.20%	460173	28.05%	308735	18.82%	247745	15.10%	-328994
林地、园地	738418	45.06%	752062	45.84%	802130	48.88%	833266	50.78%	94847.85
草地	136366	8.32%	151187	9.22%	151621	9.24%	142112	8.66%	5745.78
建设用地	140976	8.60%	187675	11.44%	261244	15.92%	303812	18.51%	162836.3
水域	45961	2.80%	72677	4.43%	78011	4.75%	74155	4.52%	28193.49
其他土地	116	0.01%	16780	1.02%	39143	2.39%	39973	2.44%	39857.22
总面积	1638577	100.00%	1640555	100.00%	1640884	100.00%	1641063	100.00%	

（资料来源：根据北京市国土资源局提供的数据进行统计整理。由于统计误差，各年份土地总面积略有差异。1985年的统计数据中只有林地，为统一口径将林地、园地合并计算。）

1）北京市土地利用现状

由表1-2-1可以看出，以2007年为例，北京市非建设用地居于主导地位，非建设用地中的林地面积最大，占全市土地面积的50.78%，耕地所占比重较小，只占全市土地面积的15.10%。北京市非建设用地占主导的土地利用结构主要是由山地丘陵较多的自然地貌条件决定，这为城市发展提供了绿色生态屏障和开放空间。非建设用地中耕地比例偏低，耕地后备资源稀缺，导致耕地保护面临较为严峻的形势。从表1-2-1中还可以看到，北京市其他土地所占比例较小，仅为2.44%，其中又以裸岩石砾地的比重最大，如果不适当地开发利用可能会造成比较严重的生态环境破坏，所以总体上北京市可供新开发的土地后备严重资源不足。

受地形和人类活动的影响，北京市的土地利用具有明显的垂直分布和圈层分布特征（图1-2-1）。

（1）垂直分布特征：由于自然地理环境的垂直分异显著，决定了土地利用结构的垂直布局。海拔800m以上的山区，土地利用结构简单，以林地、草地和其他土地为主。海拔800m以下山区，土地利用类型众多，结构也比较复杂，原始林完全消失，次生林分布也很少，加上过度放牧和不合理垦殖，植被稀疏。平原向山区过渡的山前地带，土地利用类型主要为园地，其次为耕地，也有少量的草地。北京市平原区包括北京平原和延庆山间平原。其中北京平原区集中了全市90%以上的非农业用地，形成一个以中心城为中心、卫星城镇拱卫的城镇体系。农业

图 1-2-1　北京土地利用的垂直和圈层结构：阳台山东望北京城（俞孔坚摄，2009）

土地利用以耕地、林地和园地为主，约占 70% 左右。

（2）圈层分布特征：自 20 世纪中期以来北京城市规模不断扩大，地域分工明显，形成了土地利用的不同功能圈，构成了以城市为中心、向四周扩展的城郊土地利用圈层结构。

中心城区：包括东城区、西城区、宣武区和崇文区（2010 年行政区划调整之前）。土地利用 90% 以上为城市建设用地，并有少量公园绿地和河湖水面。

近郊区：包括丰台区、海淀区、朝阳区和石景山区。城市化水平较高，土地利用以建设用地为主，建设用地约占总面积的 60%。

远郊区：包括大兴区、通州区、顺义区、昌平区和房山区。土地利用以耕地、建设用地和林地为主，比重均在 20%~30%。这一区域是北京市粮食、蔬菜及副食品的主产区。

山区：包括门头沟区、怀柔区、平谷区以及密云县、延庆县。本区多为山地，土地利用以林地为主，占总土地面积的 53.9%，草地、耕地、建设用地的比重较高，约为 10%，水域和其他土地面积较小。

2）北京市土地利用变化情况

从 1985 年到 2007 年间，北京市土地利用、覆被类型都发生了不同程度的变化（表 1-2-1）。从土地利用、覆被类型的面积变化来看，变化量最大的是耕地，其次是建设用地，再次是林地和园地，变化最小的是草地。耕地面积减少，而其他土地利用类型的面积均有不同程度地增加。6 种土地利用、覆被类型按面积增减绝对数量自大到小排序是：耕地 > 建设用地 > 林地和园地 > 其他土地 > 水域 > 草地。从土地利用、覆被类型的变化速率来看，变化幅度最大、年平均变化速率最快的是其他土地，其次是建设用地和耕地，再次是水域，变化最小的是草地。其他土地出现了大幅度增长，这主要是由于 1985 年土地数据的精度与其他数据不同。除去数据的影响，而其他土地利用类型的面积均有不同程度的增加。6 种土地利用、覆被类型按变化速率自大到小排序是：其他土地 > 建设用地 > 耕地 > 水域 > 林地和园地 > 草地（图 1-2-2a~ 图 1-2-2c）。

图 1-2-2a　北京海淀区万柳：20 世纪 90 年代末（航片来源：北京大学景观设计学研究院资料室）

图 1-2-2b　北京海淀区万柳：1998 年的京西稻田景观，背景为颐和园和西山（俞孔坚摄，1998）

图 1-2-2c　今天的万柳是高尔夫球场和公园（来源：2011 年 Google Earth）

从土地利用类型的转化情况来看：

（1）耕地不断向其他用地类型流转，是园地、林地、建设用地等其他地类新增面积的主要来源。耕地面积减少部分的22.4%流向建设用地，而耕地增加的部分主要来自于园地、水域和其他土地。耕地的流转特点主要是由于其处于人类活动比较活跃的地区，相对而言更加容易受到影响。

（2）园地主要流向林地和建设用地，而其增加部分主要来自于耕地；林地的面积变化不大，约83%没有发生转移，这主要与林地分布在山区有关；草地主要流向林地，占到36%之多，这主要是受到山区发展林业、治理荒山荒地等行为的影响。

（3）水域主要流向建设用地，占到14%。水域的增加部分主要来自于耕地和其他土地。水域的转换强度较小，仅次于建设用地和林地。

（4）建设用地的增加主要来自于耕地和园地，分别占到22%与16%左右。建设用地具有高度的不可逆转性，约83%没有发生转移。

（5）其他土地主要流向林地和草地，分别占到25%和14%。这主要是由于其他土地大多分布在山区，较易开发为林地、草地。其他土地的增加部分主要来自于草地和林地，反映出其他土地和林地之间存在较强的相互转化特点。

1.2.2　土地利用变化的影响因素分析

通过对北京市1985、1993、2001、2007年土地利用数量、结构和转移矩阵进行分析，以及对相关研究、政策的综述，定性地分析影响北京市土地利用变化的主要因素（彩图6）。

1）城镇化导致的建设用地扩展

建设用地扩展是影响北京市土地利用变化的首要原因。从1985年到2007年，北京市建设用地的规模从1410km^2增加到3038km^2，增加了1628km^2，平均每年增加74km^2。建设用地占全市土地面积的比例从8.6%增加到18.5%，已超过耕地成为第二大地类。建设用地的扩展不仅造成非建设用地数量的直接减少，还导致景观异质性上升，破碎化程度加剧，连通性降低。

有不少学者对北京建设用地扩展的驱动力进行过研究，研究结论主要集中在人口增加、经济增长、人居生活环境改善这几个因素上。改革开放以来，北京市人口大量增加，城乡经济快速发展（特别是第三产业的快速发展），城市化水平及居民生活水平大幅度提高。一方面，经济规模的扩大、产业结构的优化造成非农产业空间需求扩张、农用地与非农用地比较效益差距加大；另一方面，城市非农从业人员的增加、居住生活条件的改善也带来更多的建设用地需求，并因农业就业比重的降低减弱了对农地的需求，于是以耕地为代表的农用地用途转变，成为建设用地的增量供给（孙强等，2007；吴佩林等，2004）。经济发展和人口增加必然带来建设用地的需求，可以说建设用地规模的扩大是经济、社会发展的必然结果。

2）生态工程建设

近年来，为改善城乡生态环境，北京市开展了卓有成效的生态工程建设，全市范围内的林地、草地面积有一定程度的增加。

（1）山区：自 20 世纪 90 年代起，北京市先后启动了爆破整地造林工程、太行山绿化工程、京津风沙源治理工程等一系列生态建设，推进山区绿色生态屏障建设，使山区林草植被得到有效保护，涵养水源、净化水质、保持水土和抵御自然灾害的能力增强。京津风沙源治理工程是国家六大林业重点生态工程之一，按照国家《京津风沙源治理工程规划》，北京自 2000 年以来开始实施退耕还林工程，对实施退耕的农户进行补贴。退耕还林工程的范围涵盖北京市全部 7 个山区区县，其中门头沟、怀柔、密云、延庆、平谷、昌平 6 区县列入国家退耕还林工程范围，房山区享受市级补助政策。截至 2007 年，北京市森林面积已达 636565.7hm^2（北京市统计局，2008）。

（2）平原：为改善城市及其周边的生态环境，北京市对平原地区开展了以绿化隔离地区绿化、“三北”防护林体系、重点绿色通道绿化为代表的一系列生态工程建设。这些绿化工程的实施使得林地面积显著增加，其中大部分由耕地转化而来，因此也加剧了平原地区耕地数量减少的趋势。以绿化隔离带建设为例，北京城市绿化隔离地区绿化工程于 2000 年开始实施，工程涉及朝阳、海淀、丰台、石景山、大兴、昌平六个区，规划绿化面积 125km^2。到 2007 年底，共完成绿化造林面积 103km^2，栽植各种树木 3000 多万株（图 1–2–3）。

（3）城市：2001 年以来，随着申奥成功和改善城市生态环境的迫切需求，市政府进一步加大了城市绿化建设的力度，包括公园绿地、道路绿化和社区绿化等。城市绿化建设使得建成区内部的林地数量有了一定幅度的增长。

3）农业结构调整

农业用地内部结构调整也对北京市土地利用结构产生了较为重要的影响，主要表现为耕地向园地、林地的转换。从 2001 年起，根据国家的加大结构调整的相关政策，立足于北京市的实际情况，进行了以大范围的绿化隔离带建设及优势农产品（主要是果类）基地建设为特征的农业内部结构调整工作。虽然国土资源部、北京市国土资源局、北京市农业局等相关部门都在制定相关法律、法规和政策等方面

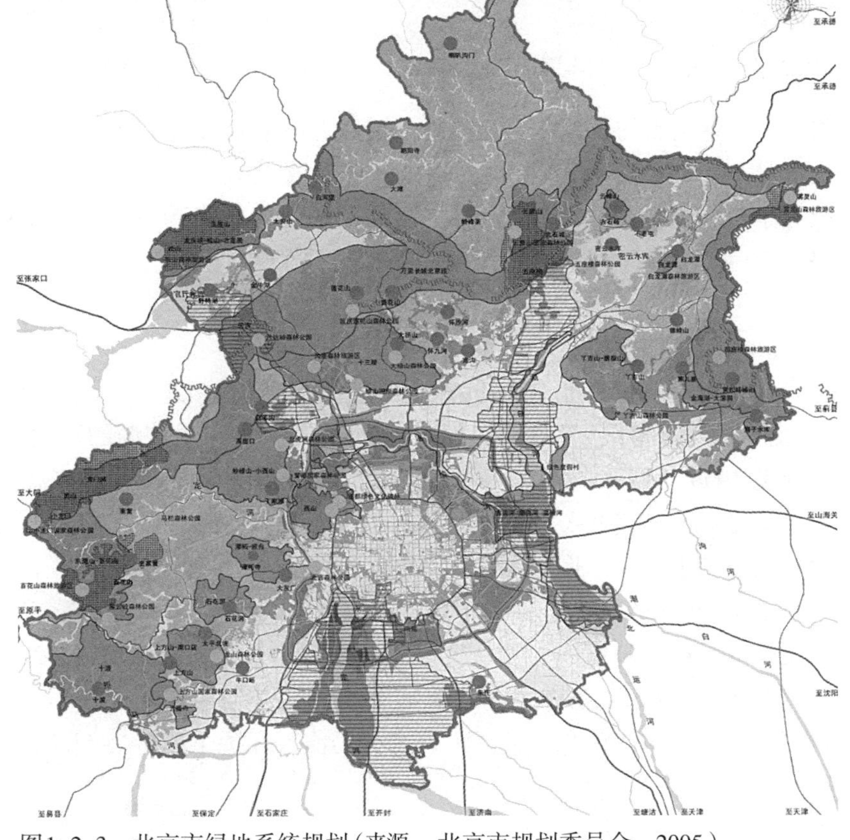

图1-2-3　北京市绿地系统规划（来源：北京市规划委员会，2005）

加强了对耕地和基本农田的保护，但由于受比较效益的驱动，农民倾向于进行结构调整来获得较高的收益，致使耕地数量减少较多，而园地、林地数量快速增长。

4）耕地保护政策

20世纪90年代，在工业化比重不断提高、城镇化进程快速推进、固定资产投资率居高不下、区域发展战略相继提出、林业重点工程陆续启动等因素的共同作用下，我国耕地出现了快速流失的局面，耕地保护面临着强大的压力。在这一背景下，1998年3月中共中央办公厅和国务院办公厅联合发布《关于继续冻结非农业建设项目占用耕地的通知》。1998年8月新修订的《土地管理法》首次以立法形式确认了“十分珍惜、合理利用土地和切实保护耕地是我国的基本国策”，确立了耕地总量动态平衡、用途管制、集中统一管理和加强执法监察等原则，并以专门章节规定对耕地实行特殊保护，如实行占用耕地补偿制度、基本农田保护制度，禁止闲置、荒芜耕地，以及提高质量和增加数量等（刘新卫，2009）。2004年，国务院发布实施了《国务院关于深化改革严格土地管理的决定》，开始对耕地实行最为严格的保护，并从政策层面上重申了基本农田保护和耕地占补平衡制度的重要性。《决定》规定：各类非农业建设经批准占用耕地的，建设单位必须补充数量、质量相当的耕地，补充耕地的数量、质量实行按等级折算，防止占多补少、占优补劣。北京市政府也在2002年发布了《北京市人民政府办公厅关于加强和改进本市耕地占补平衡工作意见》。在上述政策的影响下，北京市耕地锐减的趋势从20世纪90年代末有所缓解，耕地得到了一定程度的保护。

5）水资源约束

水资源短缺也是北京市土地利用变化的驱动因素之一。北京是资源型缺水城市，由于过境水有限，且自然降雨时空分布不均，使得水资源的短缺状况更加恶化。特别是1999年以来的持续干旱，使水库蓄水锐减，地下水位下降，水资源总量明显不足。水资源的短缺造成大量河湖湿地干涸，由水域转变为滩涂、沙地和荒草地（图1-2-4a~图1-2-4f）。为缓解水资源短缺的状况，北京市政府于2000年制定了26项节水措施，其中包括调整农业结构，大力推广节水农业，退稻还林还草。受这一政策的影响，北京市水稻种植面积由1999年的28.5万亩缩减到2004年的2.1万亩，使得灌溉水田的数量进一步减少，其中相当一部分调整为果园和草地。但这种转变是否真正节水，仍值得怀疑（图1-2-5）。

图1-2-4a　退缩的密云水库，大面积库区已成为耕地（俞孔坚摄，2010）

图1-2-4b　退缩的官厅水库，大面积库区已成为草滩（俞孔坚摄，2004）

图 1-2-4c　消失中的小型水库和山塘，密云（俞孔坚摄，2009）

图 1-2-4d　干涸的平原水库（大兴埝坛水库，俞孔坚摄，2006）

图1-2-4e　密云水库上游干涸的河道（俞孔坚摄，2009）

图 1-2-4f 密云水库下游干涸的河道（俞孔坚摄，2009）

图1-2-5 水稻田被转化为湖泊和公园绿地(长沟工地，俞孔坚摄，2006）

1.3 北京市生态系统服务面临的挑战

通过上述分析可以知道，在过去 30 年间，北京市经历了快速城镇化进程和大规模的土地覆被、利用变化。人们通常用“摊大饼”来形容北京城市扩张的形态与速度（彩图 39）。这种建设用地的扩张和经济的高速增长是以牺牲区域自然生态系统和文化遗产为代价的：人口和经济的快速发展和不尽合理的土地利用，使北京市面临着水土资源严重短缺、湿地萎缩退化、生态用地破碎化等生态问题。区域生态系统的供给能力远远赶不上城市及其居民对生态系统的需求，供需矛盾十分尖锐。目前，北京市在生态系统服务方面面临着五大挑战。

1.3.1 水文调节能力下降

水系统具有洪涝调蓄、河流输送、侵蚀控制、水质净化、空气净化、气候调节、生境提供、审美娱乐等多种功能，是维系北京城市可持续发展和生态安全的命脉。然而，各种人类活动，特别是城市不透水地面的增加、水资源的过度开采和单一目标的水利工程，导致城市水系的结构和功能发生了根本变化，水文调节功能日趋减弱（表 1–3–1）。

人类活动干扰对水文过程与功能的改变　　表 1–3–1

	干扰	水文过程与功能的改变
土地利用改变	建成区扩张	◆ 湿地被侵占，洪涝调蓄能力下降； ◆ 硬化地表增加，城市排水压力增大； ◆ 地下水补给区被建设用地侵占，地下水回补过程受阻； ◆ 地表径流污染
	水源保护区内不合理的土地利用	◆ 水土流失； ◆ 污水排放导致水质污染
工程化措施影响	水库的兴建	◆ 拦蓄上游来水和降雨，致使下游河道干涸； ◆ 影响了自然的水体交换，致使淤积严重，蓄水泄洪能力下降； ◆ 水质不断恶化
	河道固化和裁弯取直	◆ 河道的天然水循环过程被破坏； ◆ 流速和径流量增大，导致防洪压力加大； ◆ 雨水资源大量流失
地下水开采	地下水过度开采	◆ 地下水位下降，地下水储量减少； ◆ 地表生态系统退化：泉水干涸、湿地萎缩； ◆ 引发地面沉降、土壤次生盐碱化及环境地质灾害

（资料来源：作者整理）

1）湿地面积大幅减少

近年来，北京湿地生态系统的结构和功能发生了很大的变化，其中湿地面积减少是最重要的特征之一。历史上北京的湿地面积占到土地总面积的 15%，20 世纪 50 年代初期，北京郊区还有很多坑塘湖泊及水生动植物；60 年代湿地面积还有 12 万 hm^2；到 80 年代初，根据农业区划调查，当时全北京还有水域面积 7.5 万 hm^2；目前仅有湿地 4 万 hm^2 左右，湿地面积减少速度惊人。有学者对 20 世纪 90 年代中期以来北京湿地的变化进行了遥感监测研究，结果表明：自 1996 年以来北京市湿地面积逐年减小，并呈明显退化趋势：1996 年，湿地面积为 605.67km^2，1998 年湿地面积为 466.77km^2，而到 2006 年，湿地总面积仅为 270.38km^2，比 1998 年减少了 42.1%，比 1996 年减少了 55.4%（李玲玲等，2008）。

影响北京市湿地面积变化有很多因素，自然因素包括降水偏少、上游来水减少等；人为因素主要有人类侵占、水资源开发过度和节水政策的实施。在自然因素和人为因素的共同作用下，北京市湿地面积大幅减少（图 1-3-1a、图 1-3-1b）。

图 1-3-1a　北京汉石桥湿地水量不足（王思思摄，2007）

图 1-3-1b　北京翠湖湿地水量不足（王思思摄，2007）

2）工程化措施对水文过程造成负面影响

据北京市水务局统计资料，北京共有大中小型水库87座，面积总计31950hm^2。水库的兴建对于保障北京市的用水和防洪安全发挥了巨大的作用，但堤坝的建立阻断了堤内外生态过程的连续性和完整性：河湖的自然涨落区丧失，水流的连续性被阻断，造成泥沙淤积，水质恶化；河流廊道的连续性遭到破坏，鱼类及其他生物的迁徙和繁衍过程受阻；水库的拦蓄还导致下游河道失水，影响下游河道景观，破坏生境。

北京市现有河道整治主要按照城市防洪排涝要求进行设计，采取顺直河道、加大河宽、疏挖河床、修建护岸工程等措施，这类单一目标的工程做法产生了种种弊端。首先，蜿蜒曲折的河道形态、植被茂密的河岸、起伏多变的河床，都有利于减低河水流速，消减洪水的破坏能量，而裁弯取直后的河道水流速度加快，加大了河岸侵蚀以及下游洪涝灾害的风险。第二，水的自净能力消失殆尽，水—土—生物之间形成的物质和能量循环系统被彻底破坏。第三，水生态系统遭到破坏，地表水与地下水交换补偿能力丧失，地下水位不断下降。第四，生物栖息地丧失。自然状态下的河床起伏多变，基质或泥或沙或石，丰富多样，水流或缓或急，形成了多种多样的生境组合，从而为多种水生植物和生物提供了适宜的环境。而水泥衬底后的河床，这种异质性不复存在，许多生物无处安身（俞孔坚等，2003；李玲玲等，2008）（图1-3-2a~图1-3-2d）。

图1-3-2a 潮白河干涸的河床（王思思摄，2007）

图 1-3-2b　渠化的城市河道：万泉河（王思思摄，2007）

图 1-3-2c　渠化的城市河道：双紫支渠（王思思摄，2007）

图 1-3-2d　渠化的郊区河道：京密引水渠（王思思摄，2007）

3）地下水采补失衡

北京市山前冲积扇的顶部和中上部的区域透水性好，是最重要的地下水补给地区。然而，由于城市建设用地的扩展，这些天然的地下水回补区的补给能力受到严重影响。例如，中心城地下水补给区位于中心城区西部，西到西山、东至复兴门、北到海淀、南至南苑。该区域内土地利用以城镇建设用地为主，区域内不透水面积达到75%，致使降水难以入渗，补给地下水；该区域也存在地下水严重超采的问题。大石河地下水补给区位于房山区窦店镇、石楼镇、城关街道，然而在大石河、良陈铁路与京周路围合的区域有大面积建设用地，无法补给地下水；该区域地下水超采问题也很严重。昌平南口地下水补给区位于昌平区南口镇。区内马池口地区西北部的新店、乃干屯附近区域存在大面积建设用地。沟错河地下水补给区位于王辛庄镇、峪口地区、大兴庄镇、金海湖地区、南独乐镇、夏各庄镇、马坊地区、东高村镇，位于此区的平谷新城导致地下水回补过程受到一定影响。

城市不透水面积的增加阻碍了地下水回补过程，加之地下水的过度开采，北京市地下水位连年下降。根据北京市水务局统计（图1–3–3），2009年末北京市平原区地下水平均埋深为24.07m，地下水资源量15.08亿m^3；与2008年末比较，地下水位下降1.15m，地下水储量减少5.9亿m^3；与1980年末比较，地下水位下降16.83m，储量减少86.2亿m^3；与1960年比较，地下水位下降20.88m，储量减少106.9亿m^3。2009年地下水严重下降区（埋深大于10m）的面积为

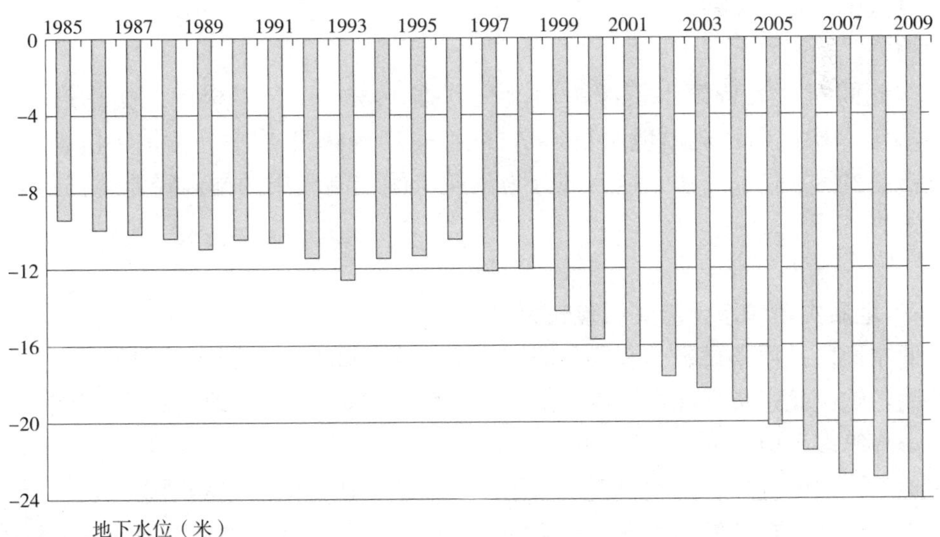

图1–3–3 北京市地下水埋深（1985~2009年）
（数据来源：历年《北京市水资源公报》）

$5369km^2$，较 2008 年增加 $118km^2$；地下水降落漏斗（最高闭合等水位线）面积 $1047km^2$，比 2008 年增加 $18km^2$，漏斗中心主要分布在朝阳区的黄港至长店一带（北京市水务局，2010）。

经过分析，北京市地下水过程受到人工干扰而产生的生态环境影响主要包括几个方面：一是地表生态系统退化，自然水循环遭受破坏，泉水干涸，湿地萎缩；二是导致环境地质灾害，表现为地面的沉降和土壤次生盐碱化；三是污水的排放致使地下水水质恶化。

4）城市洪涝灾害风险增高，雨水资源大量流失

城市不透水面积的增加和传统的管道排水方式，致使地表径流的总流量、峰值流量和流速增大，加之排水管道的淤积老化，北京城区面临着较大的排水压力，城市积水问题已经成为近几年北京城市防汛的重点和难点。资料表明，北京市主城区排水河道其洪峰流量比 20 世纪 50 年代大 3~4 倍。近年来，城区只要 2~3h 出现 80~100mm 降水，就出现多处内涝（北京市水利局，1999）。2004 年，北京“7·10”城区暴雨。城西部瞬时降雨强度 2.2mm/min，玉渊潭地区 lh 降雨 90mm。41 处重点路段、8 处立交桥下严重积水，西二环、西三环、西四环交通瘫痪；倒塌房屋 5 间；47 处 10kV 供电线路掉闸；90 处地下设施进水，“天外天”地下商城被淹，地铁万寿路车站少量进水（臧敏，2009）。另据北京市水务局统计，2006 年市区主要积水点 43 处，尽管近年来加大了积水点治理的力度，但每逢暴雨，城区部分路段积水仍十分严重，车辆行人通行受阻，甚至给生命财产造成重大损失。

与此同时，大量雨水资源白白流失。据 1985~1997 年统计，扣除过境水量，多年平均汛期径流出境水量约 7.13 亿 m^3。1986 年是中等偏枯年份，当年出境流量约 4.6 亿 m^3，其中绝大部分为汛期未能控制利用的暴雨径流（钱易等，2002）。

1.3.2 地质灾害和水土流失风险较大

北京地区地质条件较为复杂，断裂构造发育，降水时空分布不均匀。受自然条件的影响，北京市存在泥石流、滑坡、崩塌（滑塌）、矿山地面塌陷、地裂缝、地面沉降等多种地质灾害，其中滑坡（图 1-3-4）、泥石流、崩塌、滑塌多见于山地、丘陵地区，地面沉降、地裂缝多发于平原及盆地，矿山地面塌陷则集中发生于北京西山采煤区。在开发利用各种资源的过程中，一些不合理的人类活动也造成了地质灾害的加重。例如，北京市域西部煤矿开采、山区不合理的采樵放牧、坡地开荒、旅游开发，为出现地质灾情埋下了隐患。

图 1-3-4　地质灾害风险：滑坡坍塌（昌平，俞孔坚摄，2009）

从地质灾害的变化趋势上看，地面沉降有逐渐恶化的趋势。自 20 世纪 50 年代以来，北京城区地面沉降幅度逐年扩大。目前沉降面积达 2815km^2。从发展趋势来看，地面沉降由局部逐渐扩展，新的地下水降落漏斗不断形成。随着北京市众多新城或郊区住宅区的建设与发展，如果不去有效地控制地下水开采，地面沉降还将发展。近 20 年来，通过地质灾害危险区的危险村庄搬迁和其他预防治理，北京山区的地质灾害危害程度已大为降低。但是由于自然条件和人类活动，部分地区地质灾害趋势仍未减缓。如矿区、旅游区、工程建设地段的地质灾害危害日显严重。资料表明，1997~2010 年规划新增建设用地中，坐落于灾害性地质灾害易发地区的，占规划新增建设用地的 7.7%，如房山、门头沟、密云、平谷等区县。1997~2003 年，新增建设用地坐落于灾害性地质灾害易发地区的，占实际新增建设用地 12.8%。

北京的自然条件导致了水土流失的问题较为突出。北京市域范围内地形以山地为主，其中绝大部分为坡地，坡度大于 25° 的陡坡面积约占 2/3，这些地区水土流失范围分布较广，部分地区水土流失程度严重，是北京市山区非常突出的土地生态环境问题。截至 2000 年，北京市水土流失面积约占国土总面积的 24.3%，其中水土流失高度敏感区主要分布在北京北部与西部地区，面积达 1977.31km^2（北京市国土资源局，2005；杜涛等，2003）。

1.3.3 生物栖息地和生物多样性丧失

北京市快速城镇化进程中，土地利用与覆被变化对生物栖息地和生物多样性造成了巨大的威胁，主要表现在以下几个方面：一是土地利用结构的改变，特别是城市建设用地的扩张直接导致生物栖息地的数量减少、破碎化和退化；二是自然保护区、风景区、森林公园等主要生物栖息地之间没有建立起有效的连接；三是城市绿地系统未能给生物提供适宜的生境和食物来源（表 1–3–2）。

北京市现状景观和人工干扰对生物过程的影响评估　　表 1–3–2

现状问题	对生物过程的影响评估
湿地的萎缩和退化	湿地是重要的生物多样性基地，尤其是鸟类的重要栖息地，对于维持本地区的生物多样性有重要作用。北京市天然和人工湿地的萎缩和退化，严重影响水生动植物的生长，使鸟类失去食物源和栖息地，导致种类和数量的下降
大型水利设施的建设	大型水库的建设导致下游河流的断流，造成对一些关键性景观生态格局和重要生物栖息地的破坏，如官厅水库的建设导致下游永定河生态用水供给的减少，密云水库建设导致下游潮白河的水源短缺等，均对生物生境和景观格局造成很大的影响
河道的固化（图 1–3–5）	在长期的城市发展与防洪工程设施建设过程中，北京市平原地区的大部分河道都已固化，河道的固化阻隔了水体中生物与周边环境的物质循环过程，破坏了水生动物的栖息地
高等级道路的建设	高等级道路的建设对区域生境起着切割、分割和阻抑的作用，阻碍着生物之间的迁徙。北京市整体景观结构呈现环射型蛛网结构，道路对绿地斑块的切割影响严重，公路不仅切断了各生态系统间物种流动的路径，同时还会对栖息地生境造成噪声、光学和其他环境化学污染
大范围的环境污染	环境遭受污染，生物生存环境变化从而导致生物多样性减少。北京市整体水环境达标率较低，复合型的大气污染仍然比较严重，水生生物和陆生生物都将受到环境污染的威胁
新型农业开发模式的兴起	近几年北京地区都市农业成为新型的农业发展模式，人类干扰的程度较大，长期栖居农田的生态环境发生了较大的变化。新型农业开发模式导致农田景观的异质性、多样性下降，生境的破碎化程度上升，威胁到生物多样性的保护
新型旅游开发模式的兴起	不合理的旅游开发对森林和湿地造成破坏和威胁。北京地区旅游开发规模大、范围广，受其影响，灵山、百花山的高山草甸已经开始退化；除密云水库、怀柔水库等饮用水源区外，其他湿地几乎都有旅游开发，大量人为活动对现有水面造成再次污染，严重干扰了鸟类的栖息环境
采矿业的大规模发展	矿山开发不仅占用大量土地，并造成野生动植物的生活环境和生存环境被破坏，同时排放的矿业废水也对水生态生境造成强烈影响。北京地区在广大的山区和山前平原地区仍有不少采矿企业，致使野生动植物的生活环境遭到破坏

（资料来源：作者整理）

1）生物栖息地减少

随着现代城市的快速扩张和城市化的加剧，湖泊、沼泽、苇丛、林木、河漫滩等景观大多不复存在或日益萎缩。建设用地直接侵占了野生动植物的生存环境，导致了生物栖息地环境的丧失，特别是食物来源和筑巢、繁殖场所的减少。其次，在城市扩张过程中，人工合成材料大量使用、工厂林立、河床变窄、空气污染，使得野生动植物生存的适宜环境受到污染，引起野生动物的种类和数量减少（张林源等，2003）。如作为生物的主要栖息地类型之一的湿地数量和面积都在持续减少。从20世纪60年代到70年代中期，有8个湖泊共33.4hm^{2}的湿地被填（段天顺，1999）。通过对1998~2002年间重点水库湿地和典型湿地的时空动态变化分析，发现水库湿地中的密云水库、官厅水库和怀柔水库2002年与1998年相比，面积分别减少了42.0%、23.9%和4.9%；野鸭湖湿地的资源2002年与1998年相比，湖库水体面积减少了53.2%，鱼塘水域面积减少了59.9%，水田面积减少了66.6%。湿地萎缩导致湿地植被丧失、水资源紧张、生态系统服务功能减弱，严重威胁着水生动植物和鸟类的生存（陈卫等，2007）。

图1-3-5　河道固化带来的栖息地丧失（清河，俞孔坚摄，2010）

2）生物栖息地破碎化和孤岛化

由于城市建设的快速扩张和人类活动干扰的加剧，北京市的生物栖息地经历了破碎化和孤岛化的被动适应过程，景观自然形态呈破碎化、分离化趋势。相关研究表明，1997~2002年间北京市区斑块数量增加106.6%，斑块平均大小下降51.6%，分离度指数增加94.3%（孙亚杰等，2005），而由此造成的生物栖息地丧失、退化与破碎化是北京市市区与近郊区在生物多样性保护方面面临的最主要威胁（Wang，et al.，2007）。栖息地的破碎化会导致栖息地内部环境条件的改变，使物种缺乏足够大的栖息和运动空间，并有利于外来物种的侵入。导致生物栖息地破碎化的原因多种多样，其中首要因素是不合理的人类活动：道路修建、农业生产、旅游开发、矿山开采、大型基础设施建设，都使原来连续的、完整的大地景观基质日趋破碎化，自然过程和完整性受到严重破坏，野生动植物的生存、繁衍受到极大威胁（刘肖骢和康慕谊，2001；宋秀杰和郑希伟，2001）。

3）自然保护区网络尚待完善

目前北京市主要采用自然保护区作为生物多样性的保护模式，这种保护模式重视保护区内物种、种群和生态系统类型的就地保护，而忽视保护区与外部环境的关系，以及保护区与保护区之间的联系。在人类活动的限制下，尤其是在人类活动密集区域，这些单个保护区的面积不可能太大，这就使一部分生物游离于保护区系统之外。而且，许多保护区对于某些物种长期生存均似太小，单个保护区难以覆盖其生活史中全部活动范围（李晓文等，1999）。同时，各个分散分布的自然保护区像孤立的岛屿，彼此之间缺乏有机的联系，更谈不上保护区之间的物质循环、能量流通和信息传递。可见，自然保护区的生物多样性保护应该在区域景观层面上进行，通过优化自然保护区的空间布局、建设保护区之间的生物廊道，使自然保护区成为一个有机联系的整体和生物保护网络，从而更好地发挥生物多样性保护的功能（图 1–3–6）。

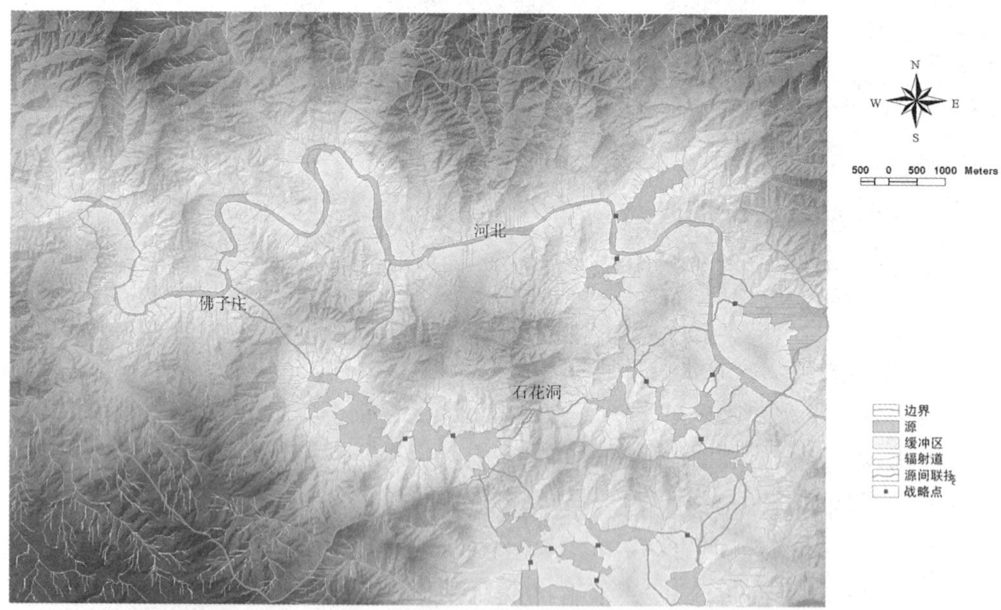

图 1–3–6　栖息地的网络化设计尝试：北京石花洞风景名胜区（俞孔坚等，2005e）

4）城市绿地建设模式存在误区

长期以来，城市绿地建设缺乏真正意义上的生态学和生物多样性原理指导，导致城区内城市绿地分布不均匀，布局结构不尽合理，植物种类单一，群落结构简单，难以形成符合生物多样性保护需求的城市绿地系统。

在城市绿化中，植物选择往往以园林观赏为导向，乡土生物多样性得不到体现，使其生态系统服务得不到充分发挥，表现在：（1）植物群落单调。环城路及高速路两侧，基本宽为 30~50m，由单一乔木组成的紧密结构的林带；在住宅小区绿化中主要为：少量乔木 + 少量灌木 + 草坪；广场绿化为：少量乔木 + 草坪。这样形成的生态群落结构很脆弱，极容易向逆行方向演替，其结果是草坪退化、树木病虫害增加。（2）植物种类单一。经调查，目前北京市园林绿地中普遍使用的树种不足 40 种，一二年生草花 20 余种，宿根花卉 10 余种，草坪植物 7 种。（3）乡土植物使用过少。北京地区在城乡绿化中，还有许多适应性强、观赏性较好的乡土植物，未能得到充分利用（石进朝等，2003）。

城市绿地是野生动物的重要栖息地，植物多样性的匮乏使得城市绿地越来越不适应野生动物栖息，主要表现在食物匮乏、隐蔽场所缺少。例如，为了“四季常青”而大量种植针叶树种，为了“三季有花”而种植开花小乔木和草本植物，忽略了为鸟类提供食物的食源植物的种植，如浆果植物少，人工草坪经常修剪而不能产生种子，过度打药也没有了昆虫，也就没有了鸟类的食物（图 1-3-7a、图 1-3-7b）。许多城市公园的历史并不久远，缺少高大树木，古建筑物由于安全的考虑也将雨燕的繁殖场所用铁丝网封闭起来，城市河湖中缺少成片或岛状分布的芦苇、香蒲等挺水

图 1-3-7a　河岸乡土植被破坏，被观赏园艺植被所替代（平谷泃错河，俞孔坚摄，2008）

图 1-3-7b　北京街道绿化隔离带的防寒越冬工程：非本土园艺植被成为“美化”的主角，浪费资源，而又丧失本土特色（海淀，上地，俞孔坚摄，2005）

植物群落，也就没有了鸟类的隐蔽和繁殖场所。居民点内树种单一，缺乏公园内的针叶林、灌丛和林间绿地，人的干扰更为严重，因而鸟类的种类和数量都比公园少（张林源等，2003；陈昌笃等，2006；Wang et al.，2007；俞孔坚等，2010b）。

1.3.4　乡土文化遗产的原真性和完整性遭到破坏

生态系统还为城乡居民提供了包括审美、启智和生态游憩在内的文化服务。北京悠久的历史和灿烂的文明，孕育了丰富的乡土文化遗产景观，如古老的龙山圣林、泉水溪流、古道驿站、陵墓遗迹、农田果园等等，它们对塑造城乡景观特色、满足民众的精神和游憩需求具有重要作用（图 1-3-8a~图 1-3-8j）。然而在快速城市化进程中，这些乡土文化遗产

图 1-3-8a　北京的乡土景观：山边的田地（延庆，俞孔坚摄，2004）

图 1-3-8b　北京的乡土景观：果农间作（柿子树与玉米）（昌平，俞孔坚摄，2004）

图 1-3-8c　北京的乡土景观：果园（杏树）与梯田石墙（海淀，俞孔坚摄，2006）

图 1-3-8d　北京的乡土景观：梨园与绵羊（房山永定河故道，俞孔坚摄，2004）

图 1-3-8e 北京的乡土景观：贵族墓地与果园（海淀九王坟，俞孔坚摄，2010）

图 1-3-8f 北京的乡土景观：北方江南（延庆，俞孔坚摄，2009）

图 1-3-8g 北京的乡土景观：聚落景观（门头沟爨底下，俞孔坚摄，2005）

图 1-3-8h　北京的乡土景观：平原林网景观（延庆，俞孔坚摄，2004）

图 1-3-8i　北京的乡土景观：林带绿道景观（延庆，俞孔坚摄，2009）

图 1-3-8j　北京的乡土景观：林带景观（昌平，俞孔坚摄，2009）

图 1-3-9　毫无乡土特色的旅游设施（红酒庄园，怀柔，俞孔坚摄，2004）

尚未得到应有重视，（图 1-3-9）其真实性和完整性遭到了很大破坏（岳升阳，2002）。因此，这些乡土遗产景观及它们所依存的生态环境应得到系统完整的保护，形成连续、完整的绿道网络，成为人民教育后代以及开展生态游憩和自然教育的永久空间，并与未来遍布北京市域的自行车和步行网络及游憩系统相结合。

1.3.5 综合游憩体验过程被割裂

北京市游憩资源众多，包括风景名胜区、国家森林公园、国家地质公园、自然保护区、公园、民俗村和观光农业园等多种类型。然而在现有管理体制下，这些游憩资源分属不同部门管理，因此难以将各类游憩资源进行统一规划管理，导致了游憩资源空间分布的不均衡、类型和功能的相对单一、各大游憩板块和线路之间缺乏联系等问题（王云才和郭焕成，2000；刘家明和王润，2009）。

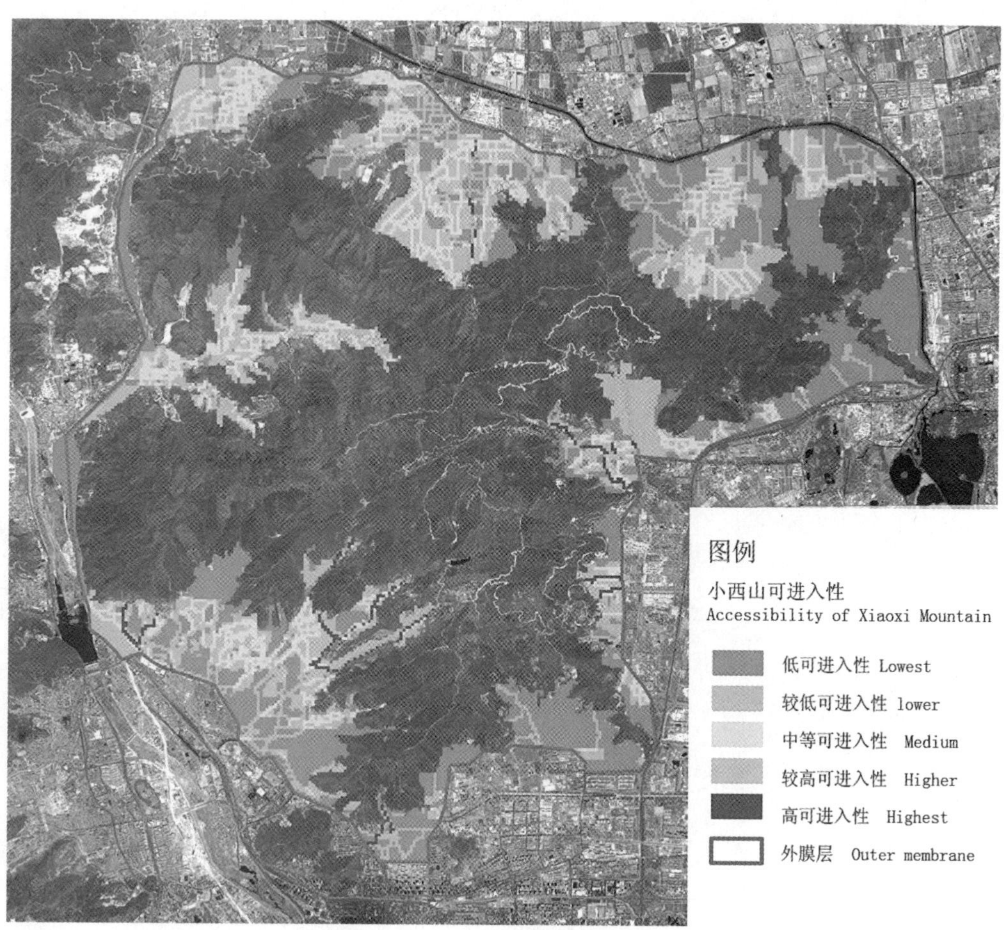

图 1-3-10　小西山可进入性评价：总体可进入性很差（张坤，2010）

此外，现有游憩线路主要满足机动车出行的需求，缺乏连续的自行车道和步行道系统，因此难以满足市民日益增长的绿色户外出行需求。道路基础设施的建设显著提高了区域游憩资源的可达性，但同时严重影响了步行者对于景观的利用。自行车道被机动车道所侵占，滨河和沿防护林的绿道也被机动车道所侵占或分割，行人需要穿越宽阔的高速公路、城市快速路才能到达（刘家明等，2009；韩西丽，2004）。因此，增加各类游憩景观的可达性，使不同出行方式的市民，特别是非机动出行的居民能够安全、便捷到达游憩目的地，并在沿途享受到高质量的游憩体验，是区域景观生态系统保护和建设中不可忽视的问题（图 1-3-10）。

1.4 小结

综上所述，尽管近年来北京市在生态规划和建设方面投入了巨大的人力物力，并取得了明显进步，但由于不尽合理的城市规划和土地利用方式、资源环境的先天不足以及社会经济超预期的发展，导致区域生态系统的连续性和完整性受损，距实现宜居城市的发展目标还有较大差距，也无法满足城市居民不断增长的对宜居环境、绿色生活方式的需求。因此，如何持续地保护和恢复城市的基本生态系统服务，满足城市及其居民的生态需求，实现土地的精明保护与高效利用，是本研究所要重点解决的问题。

第二章　北京市生态安全格局及城镇增长格局预景的理论与方法

2.1　对传统城市规划方法的反思

必须认识到，传统城市规划体系及其理论方法是产生上述生态问题的重要原因之一。中国传统城市规划体系深受前苏联规划体系的影响。这一规划体系最重要的基础就是城市人口预测，再根据人口预测的结果进行土地利用指标分配和用地布局、城市功能分区和基础设施建设。然而，在绝大多数情况下，由于政策、经济发展等因素的不确定性，城市规划师难以精确地预测出远期（20 年）甚至是近期（5 年）的城镇人口规模。例如，深圳在 1986 年版的城市总体规划中曾大胆预测 2000 年人口规模为 110 万，而实际上 2000 年人口却达到了 700 万。与深圳相类似的还有北京（崔承印，2006）、上海（贾彩彦，2009；俞孔坚等，2005a，b）等很多城市。

同时，在这种城市规划理念指导下，规划师过分依赖技术力量，试图来设计和创造一个人工系统，并将城市划分为许多单一功能的片区。这种区划和分区直接受经济规则支配，而忽视自然生态系统。正如其他受前苏联规划思想影响的国家一样，“对景观生态系统及其稳定性的破坏，以及大范围的土壤侵蚀和盐碱化、森林砍伐以及水污染和土壤污染，是这一过程的必然结果”（Jongman，2001）。这种规划体系和方法论所导致的结果常常是：土地利用规划以及基础设施建设永远赶不上城市人口和建设用地的增长速度，重要的文化遗产和生物栖息地在保护规划制定和实施之前就被破坏了。在这个以经济发展为主导的传统城市规划体系下，绿地系统规划、文化遗产保护，甚至防洪规划都从属于城市总体规划。

除了经济发展导向的规划体系存在技术缺陷外，从计划经济向市场经济的转型也使城市规划的作用和地位受到挑战。长期以来，城市物质空间规划听从领导意志，导致“摊大饼”等问题的出现。如 20 世纪 80 年代以后，各地纷纷建设各种类型的开发区、科技园区和大学城，它们往往超出城市规划区和绿化隔离带的范围，进行“蛙跳式”发展。

经过数十年的发展，国内外学者已经意识到，以经济发展为导向的传统城市规划在调控城市发展方面起到的作用越来越弱（Gaubatz，1999；Yeh and Wu，1999；Cheng and Masser，2003；Jim and Chen，2003），对城市规划方法变革的呼声越来越高（Yeh and Wu，1999；吴良镛等，2003；俞孔坚等，2005a，b，c；赵燕菁，2004；杨保军，2003）。因此，我国城市规划面临着巨大的挑战：不仅要反思计划经济体制下传统城市规划体系的问题，而且迫切需要创造出适应社会经济转型期的新的城市规划体系和方法论。

在这个背景下，我们提出了“反规划”途径（俞孔坚等，2002，2005a，2005b），它是一种与经济发展为导向的“正规划”相对的规划思想。中国许多城市已接受“反规划”的理念并将其应用到城市规划管理中，如北京、成都、深圳、重庆、台州等城市（谈绪祥，2005；邱强，2006；施中楚，2010）。

2.2 “反规划”途径的理论基础

“反规划”途径认为：基于“人口预测”的传统城市规划方法在应对快速城市化过程中的城市问题方面是无效的，是现阶段中国城市出现的生态退化和建设用地无序发展等问题的主要原因。中国快速的城市化需求、脆弱的国土生态系统和迅速消逝的乡土文化遗产，急需对传统城市规划的方法论进行根本性变革。与优先发展经济和建设基础设施不同，“反规划”途径通过“逆”向的规划程序，优先保护和规划生态基础设施（Ecological Infrastructure，EI），在国土开发来临之前，迅速保护那些战略性的、对维护基本生态系统服务具有关键意义的景观要素和生态系统，并作为城市发展中不可逾越的刚性底线。也就是说，为了实现城市的良性发展，应优先确定哪些区域被保护，而不是哪些区域被建设。城市规划的“反规划”途径也可以看作景观城市主义的途径——城市空间格局由作为生态基础设施的景观格局来引导和限制：这与“正规划”中由交通和市政基础设施引导城市空间格局恰好相反。生态基础设施不仅仅是实现精明保护（有效保护自然、生物和人文过程）的有效工具，也是实现精明增长、塑造良好城市形态的有效工具，它在紧凑的城市中构建了绿色的开放空间系统，并利用这个系统提供免费的自然和文化服务（俞孔坚等，2005a，2005b，2006，2009a，2009b；Benedict，2006）。

“反规划”途径的关键是规划生态基础设施，并用它来引导和限制城市发展的空间格局。这一规划理念深深植根于东、西方城市规划建设的实践与理论。“反规划”从本质上说是土地开发和保护的生态规划途径，它是麦克哈格“设计遵从自然”（1969）生态规划理论的继承与发展，是具有扎实生态学基础的城乡土地利用规划。时下，“反规划”途径也可以称之为“景观城市主义”，即“景观取代建筑作为城市建设的基础单元”（Waldheim，2006），以及“景观作为基础设施和操作的平台与媒介”（Corner，1999，2006）。

与景观都市主义相似，“反规划”途径的理论基础和实践传统主要包括以下几个方面（Yu，2010）。

2.2.1 风水模式

在中国古代的占卜中，就蕴含了前科学时代“反规划”思想的萌芽，人们通常称之为“风水”。它主要研究“气”的运行规律和自然山水格局对它的影响（Lip，1979；Skinner，1982；Rossbach，1983；Yu，1994，1996）。在同一个风水解释和操作模式下，从国家首都到州府县衙，整个中国大地都是相互联系的龙脉和气的运行网络，形成某种风水“分形”格局和充满诗意的大地景观（Yu，1994；俞孔坚，1998a）。景观基础设施成为了一种神圣的禁忌，禁止任何人类活动对其进行破坏。

2.2.2 绿道

19世纪中后期，在欧美一些国家，人们开始将城市公园和绿色空间看作城市重要的基础设施，并用来解决城市环境不断恶化的问题。其中具代表性的案例包括弗雷德里克·劳·奥姆斯特德（Frederick Law Olmsted）提议并规划建设的波士顿“蓝宝石项链”，以及克利夫兰（H.W.S.Cleveland）规划建设的明尼阿波利斯公园道和公园系统（Zube，1986，1995；Little，1990；Ahern，1991，2002；Fabos，1995，2004）。在区域尺度上，绿色空间被系统地规划为大都市区的基础设施，如查尔斯·艾略特（Charles Eliot）为马萨诸塞州开放空间所作的总体规划。

在美国，这一以游憩功能为主导的公园系统和公园道的传统影响深远，并被20世纪90年代蓬勃兴起的“绿道运动”（Greenway Movement）所继承和发展。“绿道”赋予了绿地和开放空间更加综合的功能，如自然资源和生态过程的保护，文化遗产和游憩资源的保护等（Fabos，1995，2004；Ahern，2002；Randolph，2004）。“绿道提供了抵御城市化负面影响的可行方式”，与非线形的公园和开放空间相比，线形的公园和绿道只需要较少量的土地，就可以实现相同的目标。同时，它们能够以尽可能少的干扰，编织到原有的城市肌理中。新一代的绿道采用了更加适应性的理念，来应对更加广泛的生物栖息地和基础设施的需求（Searns，1995，2009）。因此，绿道被认为是实现“精明保护和精明增长”的有效工具（Benedict and McMahon，2006；Walmsley，2006；Ahern，2009；Yokohari，2009）。

此后，绿道的理念又得到了进一步发展，形成了更为综合与相互联系的景观系统——绿色基础设施（Green Infrastructure，GI），它被认为是大都市区“城市形态”的塑造者（Searns，1995；Walmsley，1995；Benedict and McMahon，2006）。

绿道在中国也有非常悠久的历史，从秦始皇的驰道，到当代大规模的长江防护林和三北防护林，都是中国绿道建设的典范（Yu et al.，2006）。

2.2.3 绿带

景观作为城市基础设施的另一个起源可以追溯到欧洲“绿带”（绿化隔离带，Greenbelt）、“绿楔”（Green Wedge）和“绿心”（Green Heart）等规划思想与实践。早期城市规划师把它们作为组织城市形态和防止城市蔓延的工具，并试图通过它们创造一个理想的城市空间形态。根据 K ü hn（2003）的研究，在 18 世纪和 19 世纪欧洲大部分城市的城墙被拆除之后，作为城乡分界线的绿化隔离带的规划理念逐渐形成。通过在原有城墙的位置上进行绿化，形成了具有休闲和美化功能的城市散步道，并同时作为城乡之间的分隔带，就如同中世纪的城墙的作用一样。中国的城市规划先驱梁思成先生在 20 世纪 50 年代，也曾提议将这一规划思想应用到北京市，将原有的城墙改造为环城公园（王军，2003）。在 19 世纪末期，霍华德首先提出了绿带的规划思想，后来发展成为“田园城市”规划思想的核心内容之一（Howard，1946）。自霍华德以来，各种特定形态的绿色空间局被用作组织和限定理想城市形态的规划手段，如伦敦、柏林等城市将绿带作为保持紧凑城市形态的手段（Toft，1995），以及荷兰兰斯塔德地区将绿心作为控制城市发展的手段等（Blumenfeld，1949；Moughtin，1996；Jim and Chen，2003；Frey，2000）。从 20 世纪 50 年代到现在，绿带规划理念也给我国城市规划的实践带来了深远影响，如北京市从 20 世纪 50 年代起就规划并建设了两道绿化隔离带（闵希莹等，2003；欧阳志云等，2004）。然而，目前在欧洲一些城市（Kühn，2003；Amati and Yokohari，2006），美国华盛顿，加拿大渥太华（Taylor et al.，1995），以及一些亚洲城市，如北京（Yokohari，et al.，2000；闵希莹等，2003）等城市的绿带规划的实施效果都表明：通过规划绿化隔离带和楔形绿地阻止城市无休止蔓延的做法是失败的，其原因主要有以下几点：

（1）设计过于随意，缺少生态学依据，各绿地要素和水陆生境之间缺乏必要的联系（K ü hn，2003）。

（2）缺乏居住区和城市绿色空间之间的连接，因此绿地可达性差，不易亲近，市民很少能够真正享用这些绿色空间。

（3）被当做阻止城市蔓延的政策工具，功能单一，缺乏对防洪蓄涝、生物多样性保护、文化遗产保护、游憩和审美启智等多种生态系统服务的整合。

（4）在外围发展压力增大时,绿带很快成为投机和寻租空间; 如 Ahern（2002）所指出，因为绿化隔离带的规划主要基于行政区划而非自然地理要素的边界，因此很容易遭受土地利用变化的影响，成为了建设用地的“储备库”。

（5）条块分割的行政管理体制，不可能对大都市区的绿带进行有效管理和整体保护。

实践表明，在城市快速发展和建设用地的扩张过程中，景观作为被动应对城市蔓延问题的政策工具，很难有效地起到保护开放空间的作用。正确的做法应当是基于生态过程和市民的实际使用需求，充分发挥景观的积极功能和生态系统的综合服务。这也再次强有力地证明，为了实现可持续的城市和景观形态，传统的以建筑为主导的城市规划方法应该从根本上进行变革。

由于上述原因,从 20 世纪 80 年代开始,在美国,“绿道”理念逐步取代了“绿化隔离带”、“绿楔”和“绿心”等规划手段。Taylor 等（1995）在案例研究基础上揭示了绿道理念的发展历程，即从试图对景观形态和土地使用功能产生影响的城市设计手段，演化为处理自然因素、自然与城市系统之间的联系、公众参与和支持以及创新型政府管理的生态规划途径。

2.2.4 生态基础设施

生物保护领域的研究成果为“景观作为基础设施”提供了最新的理论基础。生物学家威尔逊（Wilson）认为:“在城市发展过程中，景观设计将起到决定性的作用。在已经遭受人类影响的环境中，通过对森林、树篱、流域、水库、池塘与湖泊进行富有创造性的规划，仍然可以保持良好的生物多样性。城市总体规划不仅要考虑到经济效益和美观的问题，同时也要考虑物种和种群的保护”（Wilson，1992）。在景观受城市化胁迫的大背景下，不同国家的学者从不同侧面提出了许多关于生物多样性保护的理念，如生态基础设施（Ecological Infrastructure）（Mander et al.，1988；Selm，1988），生态框架（Ecological Framework）（Kerkstra and Vrijlandt，1990；Buuren and Kerkstra，1993），生态网络（Ecological Network）（Bishoff and Jongman，1993）和综合开放空间系统（extensive open space system）（Ahern，1991），多用途模型（Multiple Use Modules）（Noss and Harris，1986），栖息地网络和野生动物廊道（Habitat Network and Wildlife Corridor ）（Noss,1993）,景观恢复框架（Landscape Restoration Framework）（Fedorowick，1993），生态廊道（Ecological Corridor）、环境廊道（Environmental Corridor）、框架景观（Framework Landscape）和生态结构（Eco-structure）等（Ahern，1995，2002；Jongman and Pungetti，2004）。这些基于生物保护和环境保护视角的理念也都被广泛应用到景观规划设计中。美国学者埃亨（Ahern，1995）曾对此做过综合比较与分析，研究发现：尽管这些理念存在着细微的差别，但它们都反映了同一个重要趋势，即在自然保护领域，已经从早期的以物种和场地保护为核心，逐步转向以生态系统保护为核心，更加强调生物保护基础设施的重要性。

在这些理念中，生态基础设施的内涵最为丰富，同时与本研究最为相关。生态基础设施的理念是实现建成景观、大都市区和城市可持续发展的重要战略（Ahern，1995）。

生态基础设施的理念最早产生于1980年代，包括两个方面的内容：生态城市研究和生物保护。根据相关文献，生态基础设施这一术语最早出现于联合国教科文组织的“人与生物圈计划”（MAB）。在MAB针对全球14个城市的城市生态系统研究报告中提出了生态城市规划的五项原则：（1）生态保护战略；（2）生态基础设施；（3）居民生活标准；（4）文化和历史保护；（5）将自然引入城市。

在这里，生态基础设施的原则涉及自然景观和城市腹地，但没有给出明确的定义，同时与生态保护中的其他概念相互重叠。在生物保护研究中，这个术语首先被用来表述生物栖息地网络和某些景观要素的生物保护功能，如核心区和廊道（Mander et al.，1988；Selm，1988）。生态基础设施在荷兰的实践就是一个很好的例子，它由自然核心区、自然发展区、廊道和缓冲区组成（Bohemen，2002）。

与生态基础设施近似的概念还包括生态网络（Ecological Network），它是欧洲自然保护政策中的一项重要理念。目前，欧洲各级地方政府正在逐步接受生态网络的理念作为区域乃至欧洲范围内的管理工具（Jongman，1995）。根据定义，生态网络包括以下全部或几个要素：核心区、廊道、恢复区和自然发展区（Bohemen，2002）。重要的参数包括：生境的面积、形状、比例和空间分布，时空上的连续性，内部结构的变化，以及相邻群落的生态对比度（Seiler and Eriksson，1995）。所有这些要素已经成为了欧洲生态网络（EECONET）的组成部分，该项目为指导和协调欧洲地区的生物保护提供了一个具有操作性的合作框架（Bennett，1994）。

2.2.5 自然资产和生态基础设施

景观生态学的概念最早由德国的植物学家Troll于1939年提出，并在20世纪80年代得到了迅速发展，它为景观规划设计提供了重要的科学基础

（Naveh and Lieberman，1984；Forman and Godron，1986；Forman，1995；Turner，1989；Turner et al.，2001）。景观作为人类和自然的交互界面，对维护可持续发展具有重要作用。景观生态学以“景观”为研究对象，因此它也就为定义和发展自然与文化之间的界面提供了整体的评估与规划方法，这是它与其他学科的本质差异所在（Wascher，2000，quote from Potschin and Haines-Young，2006）。在景观生态学中，“景观”被定义为由一组相互作用的生态系统所组成的异质土地（Forman and Godron，1986），这个定义突破了过去把“景观”当做诗情画意的风景的理解，使景观的研究成为一门科学。科学研究不仅为景观过程、格局及其变化提供了重要的理论基础，也为景观生态学的理论知识和景观规划设计之间架起了一座桥梁（Haines-Young，2000；Potschin and Haines-Young，2006）。

自然资产、生态系统服务的概念（Costanza and Daily，1992；Constanza et al.，1997；Daily 1997，2000；Daily，et al.，2000；De Groot et al.，2002；De Groot，2006；Millennium Ecosystem Assessment，2005）同样为理解可持续景观和生态基础设施开启了新的视角。自然资产是为社会的未来发展产生有价值的生态系统产品或服务流的自然系统的存量。生态系统的服务流依赖于系统的整体功能，因此系统的结构和多样性是自然资产的重要构成要素（Constanza et al.，1997）。生态系统服务可以归为四大类：（1）供给服务，如为人类提供食物、清洁水等产品；（2）调节服务，如气候调节、洪水调节和疾病控制等；（3）生命支持服务，如氮循环、为野生动植物提供生物栖息地等；（4）文化服务，人类从生态系统获得的精神、游憩服务。

从生态系统服务的角度，生态基础设施可以理解为健全和保障生态系统服务的基础性景观结构，它是维护生态系统持续地提供产品和服务能力的关键性结构。

全球学者已经从生态系统服务的角度，对生态基础设施的概念进行了十余年的探索，并且认为“在空间上，它是在任何地区或景观中，对保护生物多样性和自然过程具有重要意义的生态系统和土地的格局”（Forman and Collinge，1997）。在美国景观设计师协会的获奖作品——“基于生态基础设施的台州城市增长格局”中，北京大学学者将生态基础设施定义为：“对于保护自然生态过程的整体性和连续性、对维护景观的整体性和真实性具有重要意义的关键性景观元素和空间格局，是人类社会能持续地获得生态系统服务的基础性结构，同时也是保护文化遗产和维护游憩体验完整性和连续性的基础性结构。”（ASLA，2005；Yu and Padua，2006）

与生态基础设施相近似的概念是绿色基础设施（Green Infrastructure）。绿色基础设施来源于绿道，可以被定义为："为了给人类提供自然资源价值和与之相关联的效益，而被规划和管理的相互连接的绿色空间网络，这一网络包括自然区域和要素，公共和私人的保护地，具有保护价值的土地和其他被保护的开放空间"（Benedict and McMahon，2006）。绿色基础设施与绿道的不同之处在于它更强调生态功能，而不仅仅是游憩功能；它包括大型的重要生态源地以及之间的景观连接；它能够组织城市形态，为城市发展提供一个景观框架。对应于灰色基础设施或市政基础设施，绿色基础设施应该进行整体性的设计，战略性的规划，以及通过公众参与的方式进行规划与实施。它应该放在公共投资的首要位置，应该作为环境与生态保护的框架（Walmsley，1995，2006；Benedict and McMahon，2006）。绿色基础设施被认为是推动精明保护和精明发展的规划策略。

在数十年的融合和交流中，人们逐渐认识到：生态基础设施和绿色基础设施是可以互换的术语，上述对于绿色基础设施的讨论也同样适用于生态基础设施。

上述"景观作为基础设施"和"景观城市主义"等理论，最终都以自然资产和生态系统服务为理论基础，并融合成生态基础设施的概念。其他的景观功能或要素，如文化遗产廊道、游憩廊道、滨水缓冲区和雨洪管理系统，也可以整合到生态基础设施中来。

2.2.6 景观安全格局作为判别和规划生态基础设施的方法

通过上面的综述可知，本研究将生态基础设施定义为"由基础性景观要素构成的结构性景观网络，即对维护自然、生物和文化过程具有战略意义的现有及潜在的空间格局，是对维护自然和文化景观的完整性和原真性、持续提供生态系统服务的自然资产具有重要作用的景观要素"。

需要说明的是，生态基础设施的规划应当基于景观过程分析，而不是视觉上的空间格局。它可以通过以景观过程为导向的空间分析模型——"景观安全格局"途径（Security Patterns，SPs）来识别和规划（Yu，1995，1996）。景观安全格局途径把景观过程（包括城市的扩张、物种的空间运动、水和风的流动、灾害过程的扩散等）作为通过克服空间阻力来实现景观控制和覆盖的过程。要有效地实现控制和覆盖，必须占领具有战略意义的关键性的景观元素、空间位置和联系。这种关键性元素、战略位置和联系所形成的格局就是景观安全格局，它们对维护和控制生态过程或其他水平过程具有异常重要的意义。安全格局的组分具有主动性、协调性和高效性，因此可以控制在战略上具有重要意义的生态过程和景观变化。安全格局可以根据景观中的流和过程的表面模型的特征来识别。通过对水平生态过程（如物种迁移、城市扩张和地表径流等）的动态模拟得到景观阻力面。

根据潜在的阻力面，识别4种战略性景观组分和空间位置：缓冲区、源间连接、辐射道和战略点。这些组成要素，可以用特定的定量和定性的参数来描述，它们和识别出来的“源”（如乡土生物栖息地）一起，构成了不同安全水平的安全格局。这些安全格局经过叠加可以得到生态基础设施，它能够在景观变化过程中保障生态过程的安全。目前，景观安全格局途径已经在多个尺度上的生态基础设施规划中得到了应用和验证（Yu，1996；Guo et al.，2005；Yu and Padua，2006；Ahern，2007；俞孔坚等，2009b，2009e，2010a）。

2.3 “反规划”途径的方法论

“反规划”是在中国快速的城市进程和城市无序扩张背景下提出的，主要是一种物质空间的规划方法论。“反规划”不是简单的“绿地优先”，更不是反对规划，而是一种应对快速城市化和城市发展不确定性条件下如何进行城市空间发展的系统途径；与通常的“人口—性质—布局”的规划方法相反，“反规划”强调生命土地的完整性和地域景观的真实性是城市发展的基础，强调通过优先进行不建设区域的控制，来进行城市空间规划的方法论，是对快速城市扩张的一种应对。它不是以市政基础设施作为城市发展的框架，而是通过“反规划”途径，建立生态基础设施来引导和限制城市的发展。其总体目标是实现精明保护与精明增长的双赢（俞孔坚和李迪华，2002；俞孔坚等2005a，2005b）。

“反规划”途径的具体步骤包括（图2-3-1）：

1）过程分析

生态基础设施保护了与关键生态功能或生态系统服务相关的景观过程，通过地理信息系统技术（GIS）可以系统地分析并模拟景观的自然和文化过程，是行之有效的技术手段。这些景观过程包括：

自然过程：与生态系统的调节服务有关的过程，如洪涝调蓄、水土保持等。

生物过程：与生态系统的生命支持服务有关的过程，如为野生动植物提供栖息地和生物多样性保护。

文化过程：与生态系统的文化服务相关的过程，如视觉感知、遗产保护和游憩等。

2）识别和建立景观安全格局

首先，可以通过适宜性分析、最小费用距离和表面分析等模型来识别单一生态过程的景观安全格局。安全格局由对保障生态过程具有重要意义的关键性元素、空间位置和格局所构成。安全格局可以划分为不同安全水平，用来定义安全格局对维护生态过程安全的重要性（Yu，1995，1996）。

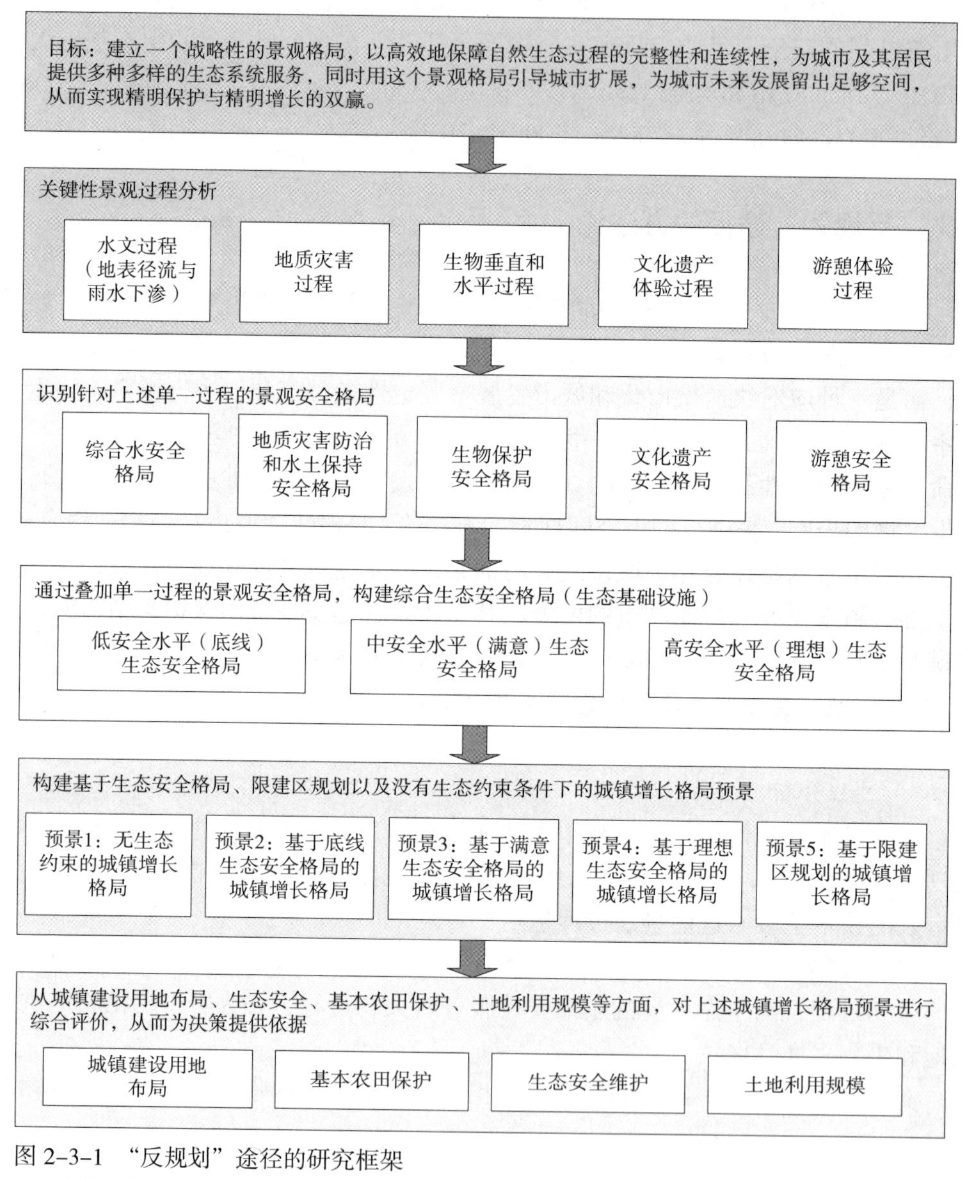

图 2-3-1 “反规划”途径的研究框架
（资料来源：作者绘制）

根据景观生态学原理，景观的空间格局直接对景观过程和景观功能产生影响，要保障基本生态系统服务，就要识别对维护这些关键生态过程具有重要意义的景观格局。如前所述，在快速城市化进程中，更具现实意义的是通过尽可能少的土地，来提供尽可能多的生态系统服务。因此，在规划中不能笼统地、不加区分地将所有具有生态功能的土地都保护起来，而是要通过科学的方法和技术手段，来识别那些对于维护生态功能具有关键作用的土地和空间格局，即具有更高生态价值的生态系统及其所组成的景观格局。这样的关键性土地和空间格局可以通过景观安全格局途径（SPs）来识别和规划（Yu，1995，1996）。景观安全格局旨在解决如何在有限的国土面积上，以最高效的景观格局维护土地生态过程，历史文化过程，游憩过程等的健康与安全的问题（俞孔坚等，2009d）。

景观安全格局的具体技术路线如下：

（1）确定源：即景观过程的“源”，如生物的核心栖息地作为生物扩散的“源”，文化遗产点作为乡土文化景观保护和体验的“源”，公园和风景名胜区作为游憩活动的“源”。“源”主要通过土地利用和资源的现状分布及适宜性分析来确定。

（2）判别空间联系：通过景观过程（包括水的流动、物种的空间运动等）的分析和模拟，判别对这些过程的健康与安全具有关键意义的景观格局，包括缓冲区、源间连接、辐射道和战略点等，并根据各格局的拐点和作用，划分出低、中、高三种不同安全水平。这一部分可以通过运用GIS的空间分析来确定。

（3）提出优化策略：针对某一生态过程和安全格局的具体要求，提出空间格局和土地利用方面的调整策略与建议。

3）构建生态基础设施

通过叠加技术将单一过程的安全格局整合起来，得到综合的生态基础设施（生态安全格局），并将其划分为低、中、高三种不同安全水平。其中，低水平生态基础设施是那些提供了最基本生态系统服务的关键性景观格局，它在区域生态系统中处于核心地位，应该予以严格保护，也就是本研究重点论述的城市扩张的“生态底线”。

在具体实施过程中，可通过城市绿线、禁限建区的划定等规划手段来确保生态基础设施的实现。

4）基于生态基础设施的城市增长预景

城市发展的空间格局根据生态基础设施来限定。基于不同安全水平的生态基础设施，构建区域城市增长预景。由代表城市决策者、规划专家和相关利益者组成的规划委员会，对不同预景进行影响评价。决策者基于对经济、生态和社会效益方面的综合考虑，最终决定哪个预景作为规划的实施方案。

2.4 北京市生态安全格局及城市增长格局预景

本研究运用“反规划”途径，探讨了北京市的土地利用规划中，如何将生态基础设施作为实现精明增长和精明保护的工具，使景观在城市发展中发挥“主导”作用，实现可持续发展。

2.4.1 总体思路

实践表明，对于北京这样一个人地关系高度紧张、土地资源十分紧缺的城市化地区来说，任何“轻视生态保护”或“盲目保护”的城市规划理念都是行不通的，也是不可持续的。

改革开放以来，随着城市化和市场化进程的加快，传统城市规划体系在引导和控制城市形态方面的问题逐步显现：城市缺乏科学、有效的规划控制，建设用地在基础设施建设的推动下迅速向外蔓延，侵占了大量生态用地，给生态环境带来了严重的负面影响。显然这种“重发展、轻保护”的城市发展模式是不可持续的。进入到21世纪以来，随着生态文明意识的觉醒和城市规划理念的提升，决策者开始真正将生态保护作为城市总体规划的重点内容。在这一背景下，《北京城市总体规划（2004–2020年）》第一次明确划定了城市的禁止建设区和限制建设区，并将北京市近80%的土地都划为禁限建区。然而，在强大的发展压力面前，如果总体保护设想没有更科学合理的、并能落实到地面的空间格局规划，那么，北京市的生态保护又将可能进入“盲目保护”和“低效保护”的误区。与20世纪“轻视生态保护”的做法一样，不清晰的、笼统和缺乏科学合理依据的保护格局同样无法解决土地利用的矛盾，并往往会出现两个后果：过度利用和低效利用，即开发利用了应该保护的土地，同时又浪费了大量可以被开发利用的土地。综上所述，“轻视保护”和保护大旗下潜在的“低效保护”，都将是北京城市在解决土地的开发与保护矛盾时必须避免的。

因此，要从根本上解决北京城镇空间增长和土地利用布局的问题，就必须实现对土地生态系统的“高效保护”。所谓“高效保护”是强调通过战略性的、主动的、系统的规划，优先保护那些对提供生态系统服务具有关键意义的基础性景观格局，这也正是城市扩张的生态底线，是城市赖以生存和可持续发展的最核心的生态基础。这个基础性景观格局应当作为禁限建区规划的核心内容，构成区域发展的“底”和刚性格局，而可建设区域应作为弹性的“图”，留给市场和发展规划去完善。即通过最少的保护实现最大的功效，以便在有限的土地资源条件下尽可能为城市发展留足空间。这也正是“反规划”的核心理念（俞孔坚等，2009d）。

生态系统服务、景观生态学等相关理论的发展为定义生态基础设施提供了科学基础。根据景观安全格局的理论和方法，维护生态过程安全和健康的关键性景观格局，是可以通过生态过程的分析和基于过程与景观格局的关系，来识别和进行规划的，而生态基础设施是保障各个生态过程安全和健康的多个景观安全格局的综合与整合。

2.4.2　规划目标

为了应对开篇所提出的五大挑战，本研究将土地作为一个有生命的系统，通过构建生态基础设施来引导和框限城市发展。生态基础设施（城市扩张的生态底线）将通过保护最少量的土地，提供以下关键的生态系统服务：

（1）尽可能地滞蓄雨水回补地下，使城市免受洪涝灾害的威胁；

（2）有效规避地质灾害和水土流失；

（3）保护关键的生物栖息地，建立有效的生物保护网络，最大限度地保护生物多样性；

（4）保护文化景观的原真性和完整性；

（5）增加游憩资源的可达性和连续性。

最终目标是实现精明保护与精明增长的双赢。

2.4.3　研究意义

中国传统的城市发展理念和建设模式已给可持续发展带来了严峻挑战：自然资源短缺已经成为城市发展的瓶颈，生态环境问题对城乡居民的生活质量构成了实际的威胁，粗放的城市发展模式已经难以为继。在当前和今后相当长的一段时间内，中国仍然处在城镇化、工业化和机动化的高速推进时期，城镇化率年均提高约1%，每年将有1500万左右的农民进入城镇（仇保兴，2009）。因此，如何在维护城市生态安全的前提下优化城镇空间格局，实现精明发展与精明保护的双赢，是学者和政府决策者需要共同面对的问题。本研究在理论分析和案例研究的基础上，系统提出了区域生态安全格局（城市生态底线）的定义、划定方法和标准，以及基于生态安全格局的城镇空间布局优化途径。它不仅是对中国可持续城镇化道路的有益探索，也是解决当前城市发展中现实问题的迫切需要，因而对促进中国城市可持续发展具有重要的理论意义和现实意义。

在北京快速城市化进程中，不合理的人类活动极大地改变了生态系统的结构和功能，导致生态系统提供服务的能力降低，产生了地下水超采、生物多样性下降、雨洪风险加大和景观风貌丧失等一系列问题，严重威胁着城市的可持续发展和居民的生活质量。在同样巨大的发展和保护的双重压力下，如何有效地维护和恢复城市的生态系统服务，协调城市发展和生态保护之间的矛盾，对北京市落实生态文明理念和宜居城市目标,具有重要的现实意义。通过对北京市的水文、地质、生物、遗产和游憩等过程的系统分析，建立针对各个过程的景观安全格局，在此基础上，综合各个单一过程的安全格局，形成不同安全水平的生态基础设施，并提出了相应的实施战略和土地利用优化布局策略，为北京市城乡空间规划和土地管理提供了切实可行的空间管理依据。

2.4.4 研究框架

根据第 2.3 节提出的方法论，构建了北京市生态安全格局及城镇增长格局研究的总体框架（图 2–4–1）。

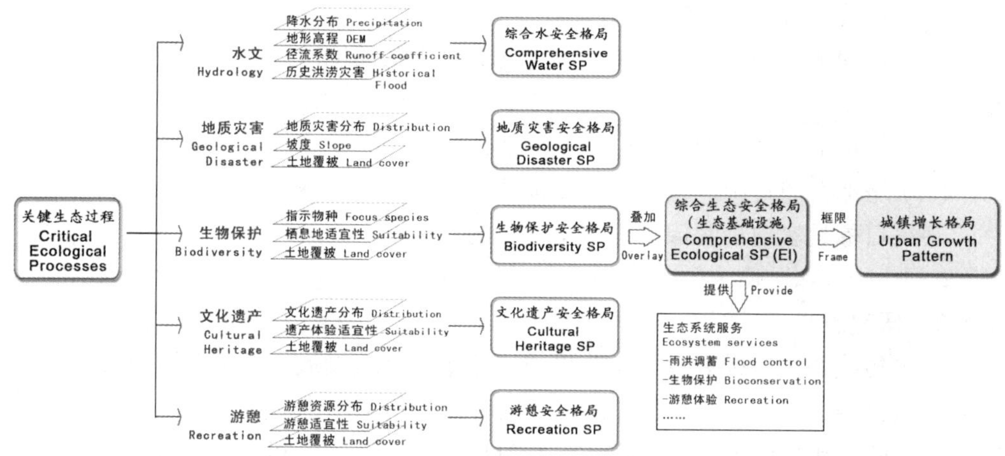

图 2–4–1　北京市生态安全格局及城镇增长格局预景研究框架
（资料来源：作者绘制）

从上图中可以看出，北京市案例研究可以分为四大步骤：（1）识别北京市生态问题和关键性生态系统服务；（2）构建单一过程的生态安全格局；（3）构建北京市综合生态安全格局；（4）基于生态安全格局的城镇增长格局预景。下面将分别对具体内容进行详细阐述：

1）识别北京市生态问题和关键性生态系统服务

生态系统为城市及其居民提供了多种多样的生态系统服务，包括供给、调节、生命支持和文化服务共四大类，如提供粮食、淡水、气候调节、固碳释氧、涵养水源、土壤保持、净化空气、养分循环、防风固沙、维持生物多样性、休闲和审美启智等。尽管生态系统所提供的这四大类服务是同等重要的，但现阶段我国城市的生态保护面临着巨大的发展压力，同时社会经济发展水平较低，这也就决定了我们必须集中力量优先保护一些最关键、最基础的生态系统服务。定义生态系统服务的关键性必须同时考虑以下几个方面（俞孔坚，王思思等，2010a）：

（1）必不可少性：这些生态系统服务应由生态系统中的关键因子提供和创造，它们在生态系统中具有突出的重要性，且对人类福祉具有重大影响并且不可或缺，如水、空气和食物；

（2）地域关联性：这些生态系统服务无法从系统外输入、不能用技术代替或代价极为高昂。例如，尽管粮食生产非常重要，但它并没有地域性，所以在大城市中并不构成城市生态系统的基本生态服务；尽管雨洪调节可以通过跨地域水利工程来实现，但成本巨大，因此应尽量在本地域内实现，也属于土地生态系统的基本生态服务；

（3）尺度关联性：生态系统过程和服务只在特定的时空尺度上才能显著地表现出来，如水过程的调节功能的体现必须在全流域范围内来认识。对于大城市来说，生态系统服务应重点考虑景观和区域尺度；

（4）土地关联性：城市规划或土地利用规划主要通过土地利用类型和布局对生态系统产生影响，这些生态系统服务应与土地利用类型和空间布局紧密相关。

具有上述特性的生态系统服务可定义为城市的基本生态系统服务。通过对北京市相关数据、文献的收集和分析，以及多次与专家的研讨，本研究确定了北京市的基本生态系统服务，它们包括：水文调节、水资源供给、地质灾害防治、水土保持、生物栖息地提供以及游憩、审美与启智等。这些基本生态系统服务在北京城市发展中是不可或缺、不可替代的，也是目前面临较大威胁的，亟需通过关键景观格局的识别和土地利用格局的优化，来维护和恢复这些重要的生态过程和功能。

2）构建单一过程的景观安全格局

景观安全格局是对景观过程具有关键意义的景观要素、空间位置及空间格局。它可以通过适宜性分析、最小费用距离和表面模型等方法进行识别。

（1）水过程安全格局

水过程安全格局以恢复天然水文过程和维护城市雨洪安全为目标。针对北京市的水问题和水文过程，水过程安全格局由地表水系、雨洪淹没区、地下水回补区和地表饮用水源保护区所构成。通过 ArcGIS 空间分析技术，对雨洪、地表径流等过程进行分析和模拟，并结合历史洪涝灾害数据，来确定雨洪淹没风险区。

根据水库位置及上游汇水区，来划定地表饮用水源保护区；根据地下水资源补给模数，确定地下水回补区。将上述四方面的安全格局进行叠加分析，构建北京市综合水安全格局（彩图 17）。

（2）地质灾害防治和水土保持安全格局

通过划定地质灾害风险区和水土流失敏感区，来有效规避地质灾害，提高水土保持能力。根据泥石流、滑坡、滑塌、崩塌、矿山地面塌陷、地面沉降和地裂缝地质灾害的空间分布，确定地质灾害过程的“源”；通过对各地质灾害类型的诱因和灾害易发区内土地利用格局的分析，确定对地质灾害防护起关键作用的区域和空间联系。根据水土流失敏感性分析结果，判别对于北京市水土保持具有重要意义的土地及其空间格局。最后，综合地质灾害点空间分布及水土流失敏感性分析，构建北京市地质灾害防治和水土保持安全格局（彩图 20）。

（3）生物保护安全格局

应用焦点物种途径和景观安全格局理论，从区域和景观层次上识别生物多样性保护的关键过程和空间格局，形成城乡连续的乡土生境和生物廊道系统。选择大白鹭（*Egretta alba*）、绿头鸭（*Anas platyrhynchos*）和环颈雉（*Phasianus colchicus*）作为北京市的焦点物种。然后，根据物种的生活习性，分析不同土地覆盖和土地利用类型对于生物活动的适宜性，判别现状和潜在的核心栖息地。运用最小累计阻力模型（MCR）分别模拟指示性物种穿越不同景观基面（土地覆盖和土地利用）的过程，建立最小累积阻力面。根据阻力面识别和构建每一个指示物种的安全格局，最后将三个物种的安全格局叠加整合，构建起北京市生物保护安全格局，包括缓冲区、源间连接、辐射道以及战略点，它们对保护生物网络的完整性具有重要意义（彩图 27）。

（4）文化遗产安全格局

借鉴遗产廊道理念，整合北京市的文化和自然景观资源，建立集生态和文化保护、休闲游憩、审美启智、旅游发展等多方面功能于一体的区域遗产廊道网络，构建文化遗产安全格局。文化遗产安全格局由文化遗产点及连接它们的线形要素构成。文化遗产既包括已登记在案的各级文物保护单位，也包括各类尚未纳入法定文物保护体系的线形文化遗产，它们对形成北京的历史文化特色具有重要意义，作为文化遗产安全格局分析的“源”。根据文献资料和舆图，判别了北京市的线形文化遗产，并将它们和各级文物保护单位都落实在空间上。然后，根据景观阻力面以及各类景观距文化遗产的距离，进行文化遗产廊道的适宜性分析。最后，根据适宜性分析结果，对北京市域文化遗产廊道网络进行判别和规划（彩图 32）。

（5）游憩安全格局

借鉴游憩道系统的理念，将北京市各种游憩资源有效地整合、连接起来，建立一个集文化遗产网络、绿地水系网络、非机动车交通网络和解说系统为一体的游憩道系统，形成北京市游憩安全格局。首先，北京市的各类公园、风景名胜区、文化遗产、乡土景观以及山体、林地、水系等自然景观具有较高的游憩价值，将它们作为游憩过程的“源”。其次，根据土地覆盖类型、距离游憩资源的距离和连接要素进行游憩活动的适宜性分析。最后，根据适宜性分析结果，判别和构建遍及市域的绿色游憩道网络（彩图 34）。

上述针对单一过程的安全格局都可以根据相应的标准，划分为低、中、高三种安全水平，并提出了相应的规划导则。

3）构建综合生态安全格局

综合以上水文、地质灾害防治和水土保持、生物保护、文化遗产和游憩方面的安全格局，建立北京市综合生态安全格局。以上五种广义的生态过程被认为在生态安全格局的构建中具有同等的重要性，被赋予相同的权重，将 5 个安全格局进行叠加，通过析取运算（∨），取最大值，最终确立北京市生态安全格局（彩图 35）。它们形成了连续而完整的生态基础设施网络，为区域的生态安全提供了基本保障。

（1）低水平生态安全格局（底线安全格局）：占总用地面积的 47%，它在最低限度上保护关键生态过程的完整性，并提供必要的生态系统服务，使区域生态环境在短期内保持稳定。因此，它是维护区域生态安全的最后屏障，是城市扩张过程中不可突破的生态底线，可以被称为“底线安全格局”。这一层次的安全格局是生态基础设施的最核心部分，应该纳入到城市的禁止建设区和基本生态用地中，实行最严格的保护。

（2）中水平安全格局（满意安全格局）：占总用地面积的 70%，在较高层次上保护关键生态过程的完整性，并提供足够的、可持续的生态系统服务，使区域生态环境逐步得到恢复。它在底线安全格局的基础上，实现了更高的生态保护目标，因此可以称其为“满意安全格局”。这一层次的安全格局包括生态基础设施的核心部分和重要的缓冲区，应该成为城市禁止建设区、限制建设区和生态用地的最主要的组成部分，实行严格保护。

（3）高水平安全格局（理想安全格局）：占总用地面积的 85%，在最大限度上保护关键生态过程的完整性，并将提供丰富的生态系统服务，使区域生态环境得到显著恢复。它达到了维护区域生态安全的较理想状态，因此也可以称其为“理想安全格局”。这一层次的安全格局包括生态基础设施的全部内容，应该优先纳入城市禁止建设区、限制建设区和生态用地的范围，进行生态保育和恢复，限制城市开发。

4）基于生态安全格局的城镇增长格局预景

在生态安全格局研究的基础上，选取“无生态约束”、“基于低、中、高水平生态安全格局”和“基于禁限建区规划（传统城市规划）”这五种不同土地利用方式作为城市空间发展的预景前提，模拟未来城镇发展格局。

预景 1：“摊大饼”式发展：没有生态约束的城镇增长格局（彩图 39）。

预景 2：“城市中的生态基础设施”：基于底线生态安全格局的城镇增长格局（彩图 40）。

预景 3：“生态基础设施中的城市”：基于满意生态安全格局的城镇增长格局（彩图 41）。

预景 4：“田园城市”：基于理想生态安全格局的城镇增长格局（彩图 42）。

预景 5：“基于禁限建区规划的城镇增长格局”（彩图 43）。

在预景分析的基础之上，从城镇扩张趋势、生态安全维护和用地规模三方面对各预景进行定性和定量评价：

（1）“无生态约束”预景下，城市建成区“摊大饼”式蔓延，周边组团与中心城区连片发展，生态资源占用较多，生态安全无法得到维护。

（2）“底线生态安全格局”预景下，由于生态安全格局严格的用地控制，保证了最低限度的生态基础设施核心网络和基本的生态系统服务。各城市组团虽没有完全连片，但趋势较为明显。

（3）“满意生态安全格局”预景下，较好地维护了生态基础设施和生态系统服务，组团间由生态用地相隔。

（4）“理想生态安全格局”预景下，最大限度地保护生态基础设施和生态系统服务，建设用地被生态用地分割呈组团式发展。

（5）“禁限建区规划”预景下，一定程度地保护了生态资源，规避了自然灾害，建设用地被生态用地分割呈组团状。

从对生态过程、文化过程和经济过程的影响以及应对上述五大挑战的角度，对 4 个城市增长格局的预景进行综合比较和评价。结果显示：预景 3“绿色基础设施中的城市”能够最佳地实现保护和发展的目标，满足不同土地利用的空间需求。它通过有限的土地，保障了更优的景观格局，同时更加有效地满足了保护和发展的双重目标，因此被认为是更加精明的城镇发展格局。

2.4.5 数据来源

本研究的数据主要包括：

（1）图形数据：

主要图形数据：1970、1990、2000年北京市1∶5万地形图从北京大学城环学院资料室获取；1993、2001、2007年北京市土地利用调查数据从北京市国土资源局获取；1993、2001、2007年北京市Landsat TM遥感影像图从相关数据库下载。

其他图形数据：北京市行政区划、地貌类型、土壤类型、基本农田等数据从北京市国土资源局获取。降水量、水文地质、历史洪涝灾害、公园绿地、风景名胜区、森林公园等数据从《北京市国土资源地图集》等相关资料中扫描、数字化。

（2）自然环境数据

北京市地下水储量、地下水水位、保护物种名录等从北京市水务局等相关网站获取。

（3）社会经济数据

人口、地区生产总值、产业结构等社会经济数据从北京市统计局网站获取。

（4）规划报告

《北京市土地利用总体规划（2006~2020年）》、《北京城市总体规划（2004~2020年）》、《北京市限建区规划（2006~2020年）》、《北京市生态功能区划》、《北京市绿地系统规划》等从课题组获得。

第三章　北京市生态安全格局构建

3.1　综合水安全格局

北京快速城市化导致城市水文过程与功能的根本改变，城市水系统和水环境的完整与健康已成为制约北京可持续发展的关键环节。本研究以恢复天然水文过程和维护城市雨洪安全为目标，通过 ArcGIS 空间分析技术，对雨洪、地表径流等过程进行分析和模拟，判别出维护北京市雨洪安全的关键性空间格局，即雨洪安全格局，并考虑地表饮用水源保护及地下水补给等功能，构建北京市综合水安全格局。

3.1.1　自然景观现状

1）地貌

北京市的地貌（彩图 7~ 彩图 9）可划分为西北山地与东南平原两大单元，其特征主要有以下几个方面：（1）地势西北高，东南低；（2）地质构造明显地控制着地貌形态；（3）岩性不同导致地貌形态各异；（4）地貌呈明显的层状结构；（5）山区河流多为成型河谷；（6）山区有泥石流发育；（7）地面坡度复杂，农业利用的坡度面积较大；（8）地貌类型多种多样（霍亚贞，1989）。

2）降水与蒸发

北京市多年平均降水量 585mm（1956~2000 年系列）。降水量（彩图 10）等值线走向大体与山脉走向相一致，多雨中心沿燕山、西山迎风坡分布。年降水量在 700mm 以上的地区有怀柔区的八道河、房山区的漫水河、平谷区的将军关一带，其中八道河面积最大，量值也最大，达到 820mm，枣树林为 770mm。由弧形山脉向西北、东南降水量不断减少，延庆县康庄为 416.9mm，是全市降水量最少的地区；清水河流域的斋堂、杜家庄、燕家台、青白口和沿河城等地年降水量只有 500mm，为少雨区；通县、大兴平原地区年降水量不足 600mm。

北京降水量集中在夏半年（4~9 月），占年降水量的 90%以上；冬半年（10~3 月）雨量不足 10%。特别是夏季 6~8 月的降雨，占到全年降水量的 75%，其中 7~8 月两月降水量占夏季降水量的 84%，所以 7 月下旬到 8 月上旬为北京市的降雨高峰。

北京市年降水量的丰枯变化幅度也较大，如 1959 年最大降水量 1406mm，1891 年仅 169mm，相差达 8.3 倍。降水的年际、年内的不均衡性，不仅造成了河流的暴涨暴落，易发生水旱灾害，而且在山区还造成了严重的水土流失，甚至发生泥石流危害。

北京的蒸发量远大于降水量。大部分地区年平均蒸发量在 1800~2000mm 之间，地处风口的古北口蒸发量最大，为 2175.3mm。两山之间的霞云岭蒸发量最小，为 1536mm。

3）水资源

北京属温带半干旱、半湿润季风气候区，水资源主要来源于天然降水，其特点是：

（1）降雨时空分布不均，年际间丰枯交替。年内降水主要集中在汛期 3 个月，占全年的 75%。年际间丰枯连续出现的时间一般为 2~3 年，最长连丰年 6 年，连枯年达 12 年。水源地主要分布在北部郊区和境外，水质、水量受上游地区影响，加大了水资源管理和保护的难度。

（2）水资源总量严重不足。以 2005 年人口为基数，全市人均水资源量 248m^3，属资源型重度缺水地区，同时也存在工程型缺水和水质型缺水问题（北京市水务局，北京市发改委，2006）。北京市多年平均水资源量 37.39 亿 m^3，平均入境水量为 16.1 亿 m^3，多年平均出境水量为 14.5 亿 m^3。以 2007 年为例，地表水资源量 7.6 亿 m^3，地下水资源量 16.21 亿 m^3，全市水资源总量为 23.81 亿 m^3，比多年平均少 36.0%（北京市水务局，2008）。

“十五”期间，北京地区万元 GDP 用水量由 137 m^3 下降到 51 m^3，全市用水总量呈下降趋势。总用水量由 2000 年的 40.4 亿 m^3 下降到 2005 年的 34.5 亿 m^3，年均下降近 1 亿 m^3。其中生活用水逐渐增加，工业和农业用水减少，环境用水极端缺乏。

水资源总量的不足导致地下水超采问题十分严重。从 2001 年到 2005 年，全市地下水储量累计减少近 30 亿 m^3。目前，平原区地下水平均埋深已达到 20m，与 20 世纪 80 年代相比，地下水已累计亏损 60 多亿 m^3。超采区面积达 5980 km^2，严重超采区 2186 km^2。

4）地表水

北京地表水系统由自然水系统和人工水系统构成：自然水系统主要是指河流，人工水系统则包括鱼塘、湖泊、水库、人工河渠、稻田等。

北京地处海河流域，境内有永定河、潮白河、北运河、大清河、蓟运河五大河系，共有支流100余条，长2700km。随着北京及周边地区降雨量的下降、各类水利工程的修建以及地下水位的变化，多数河流已经断流或蓄水量明显下降，河流的实际长度、宽度和流域面积均发生了较大的变化。现存的河流主要有65条，多数为五大水系的支流，或为主要水库的水源（彩图11）。

截至2006年，北京市兴建了官厅、密云等大、中、小型水库87座，其中大型水库4座，中型水库15座，小型水库68座，总蓄水能力达93亿m^3。其中大中型水库的水面积达到311.7 km^2，控制山区面积的70%以上。

截至2006年，北京市湖泊湿地水域总面积6.844km^2。北京市湖泊水深一般为2~3m，西郊砂石坑改建为湖泊，水深达10余米。湖泊供水主要是来自密云水库、官厅水库及地下水补给，其次是工厂排水及灌溉退水补给。

坑塘、稻田大多分布在离水源入河流水渠、水库等较近的区域。其分布面积约为71.945 km^2，其中84.6%分布在昌平、顺义、通州、大兴、平谷。此外，在密云水库上游的白河流域、延庆县境内的官厅水库湖畔等零星分布着水田，约有6.463 km^2。

5）地下水

（1）水文地质

A 山区 山区地下水主要赋存于岩溶裂隙、裂隙孔隙中，从含水岩性及地下水赋存条件可划分碳酸盐岩岩溶裂隙水、碳酸盐岩夹碎屑岩裂隙岩溶水、碎屑岩裂隙孔隙水、岩浆岩裂隙孔隙水、片麻岩裂隙水5种，其主要来源于大气降水，并受气象、地质、地貌等自然因素控制。

B 平原 平原地下水系统的补给源主要是大气降水入渗补给和山前径流补给，主要排泄途径是人工开采。永定河、潮白河、沟河、拒马河、大石河等河流冲洪积顶部地区，砂卵石裸露，地下水除接受山区河谷潜流不断补给外，大气降水入渗及河水入渗条件良好，是平原区地下水的主要补给区；处于山前的非主要河谷地带，包气带主要由黏砂、碎石及带状分布的砂卵石组成，大气降水及山区洪水入渗条件、含水层厚度与富水条件较主要河谷出山口地带稍差；冲积洪积平原地下水溢出带，分布于冲积洪积平原顶部的边缘地带，其顶部的地下径流一部分在本带溢出，单井出水量高，地下水位埋藏浅，调蓄能力好；冲洪积平原地区，即由各水系河流的冲洪积作用交错形成的广大平原区，包气带主要由黏性土及沿古河道分带的砂带组成，由于水平径流差，而以垂直循环为主，即以大气降水和灌溉回归水的入渗及潜水面蒸发为主（表 3–1–1）。

北京地下水富水性分区 表 3–1–1

分区	日出水量（m^3）	分布	特点
一类区	＞5000	各河流冲积洪积扇	含水层主要为单一卵石层，厚度约 30~70m，渗透速度 300~500m/d，透水性好。地下水多为潜水
二类区	3000~5000	一类区外围	含水层主要由 2~3 层砂砾石或多层砂砾石组成。主要含水层顶板埋深小于 20m，累计厚度 20~50m，多为承压水
三类区	1500~3000	主要分布于平原（约占平原面积 1/2）	含水层主要由多层砂砾石、砂组成，层次多而薄，单层厚度一般小于 10m，累计厚度在 30m 以上，顺义、通县一带大于 50m，水埋深小于 12m
四类区	500~1500	昌平沙河一带，大兴黄村东南部和通县永乐店以南	含水层以砂为主，夹少量砂砾石层，单层厚度小于 10m，累计厚度 30~50m，渗透性差，多为承压水，水埋深一般小于 5m
五类区	＜500	昌平百善以北和海淀永丰屯一带	含水层多由粉、细砂组成，层次少而薄，为贫水区

（资料来源：作者整理自《北京自然地理》，1989）

（2）补给与排泄

A　补给来源

大气降水是地下水总的补给来源，补给途径是多方面的。其中降水入渗补给是地下水的主要补给来源，占地下水补给量的 50%。地表水入渗补给、山区侧向补给、灌溉渗漏补给、人工补给也是较为重要的补给途径（彩图 12）。

B　排泄途径

地下水排泄途径主要包括潜水蒸发、人工开采和补给地表水。

地下水超采已经成为严重威胁北京市平原生态环境的问题（彩图 13）。全市地下水年开采量约 20 多亿 m^3，每年超采约 2 亿 m^3。在城近郊区，地下水位逐年下降，自 1959 年以来地下水位一般下降了 10 m 左右，大者达 20m。与 1960 年初比下降 17.02m，地下水储量累计减少 87.1 亿 m^3。

地下水严重超采区面积为 3312km^2，占平原区总面积的 50.74%，主要分布于顺义北石槽、赵全营、顺义、天竺、通州、大兴、榆垡、丰台、石景山、回龙观、沙河、密云、渠头和西集一带；超采区面积为 1743km^2，占平原区总面积的26.70%，主要分布于延庆、康庄、昌平、百善、高丽营、后沙峪、东北旺、来广营、酒仙桥、南磨房、良乡、窑上、琉璃河、窦店、桥梓、木林、杨镇、李遂、大孙各庄、沿河、徐辛庄、张家湾、马驹桥、安定、溪翁庄、河南寨、前栗园等地；未超采区面积为1473km^2，占平原区总面积的22.56%（北京市环保局，2005）。

3.1.2　水文过程分析

1）径流分析

（1）潜在具有调蓄洪水功能的区域分析

北京市的河流、湖泊、水库、坑塘、低洼地等湿地系统在调洪蓄洪方面可以发挥重要的作用。根据地物图和地形高程数据，判别作为雨洪水汇集的源，这些区域包括：

河湖水系：北京市境内永定、潮白、北运、大清、蓟运河五大河道水系，玉渊潭、莲花池、昆明湖等湖泊在雨洪调蓄方面发挥了很重要的作用。

水库：北京山区分布着官厅、密云、怀柔等大型水库，以及数量众多的中小型水库，它们位于河流和主要城市建成区的上游，对城市防洪具有非常重要的意义。

低洼地：在GIS技术的支持下，通过非强制性溢出径流分析，模拟自然径流沿地形遇到低洼地的停滞位置，可以为潜在调蓄洪水功能区域的确定提供参考。

（2）径流分析

径流汇水点是控制水流的战略点，可以通过控制水流的空间联系来有效地控制水流。根据分流部位和等级不同，在交汇处的各景观战略点可形成多层次的等级体系。

2）雨洪淹没分析

水利部《关于加强海河流域近期防洪建设的若干意见》，确定北京城市防洪标准应达到防御200年一遇洪水的能力。本研究根据可获得的准确降水数据及上述标准，确定了20年一遇（5%），50年一遇（2%），200年一遇（0.5%）作为划分不同安全水平的依据，并通过SCS模型和GIS空间分析技术，估算不同降雨强度下的径流量和淹没范围。

在SCS模型中，CN值反映了流域下垫面的产流能力，它与土地利用类型、土壤类型及前期土壤湿润程度密切相关。本研究根据北京市土地利用类型的分布、土壤质地数据，确定了下面的北京市CN值表（表3-1-2）。在得到北京市CN值以后，根据SCS模型的计算公式，得到了不同降雨重现期下各个集水区内的地表径流量，在减去水库的蓄洪容量后，就得到每个集水区内需要滞蓄的地表径流量。

北京市 SCS 模型的 CN 值（AMC II） 表 3-1-2

土地利用类型	A	B	C	D
耕地	72	81	88	91
园地	32	57	72	79
林地	30	55	70	77
草地	39	61	74	80
低密度城市用地	49	69	79	84
高密度城市用地	77	85	90	92
水域	98	98	98	98
其他土地	76	85	89	91

注：A、B、C、D 为水文土壤类型。A 类为潜在径流量很低的土壤，主要是具有良好排水性的砂土或砾石土；B 类土壤主要是一些砂壤土；C 类与 B 类基本相似，为轻、中壤土；D 类为潜在径流量很高的土壤，主要是具有高膨胀性的黏土和重黏土（史培军等，2001；周翠宁等，2008）。

在 ArcGIS 的水文分析模块的辅助下，利用已有的数字高程模型和水文数据，采用无源淹没法模拟地表径流过程（彩图 14）。本研究的假设是：在降雨时，外江水位顶托导致每个集水区的雨水无法外排，必须在本地区滞蓄。在这种情形下，根据地表径流量与雨洪淹没范围内总水量体积相等的原理，判别每个集水区的雨洪淹没范围，最终得到不同降雨重现期（20 年、50 年、200 年一遇）下的雨洪淹没风险区。

3）历史洪涝灾害分析

北京市洪涝灾害发生的次数较多，其中整体而言威胁最大的是永定河的洪水，对平原地区造成灾害较为严重的是潮白河和北运河的洪水和涝渍灾害。

据《北京水旱灾害》记载，从公元 1115 ~ 1949 年的 835 年中，永定河决口 81 次，漫溢 59 次，改道 9 次，清代 268 年中平均每三四年发生一次漫决或改道，包括 I 级洪水 7 次，II 级洪水 10 次，明清以来有 5 次因永定河大洪水决口漫溢侵袭北京市区。永定河的洪水主要产于上游山西省、河北省及官厅山峡地区，由于流域面积大，河道纵坡陡，因此洪水峰高量大，历时短。上游又多为黄土高原，植被差，洪水夹带着大量的泥沙，冲出山峡后，进入平原，泥沙逐渐淤积，形成地上河，河底高出城区地面 10m。同时，官厅山峡地区是北京市的暴雨中心多发区，所以发生洪灾的可能性最大。

据《潮白河水旱灾害》记载，潮白河自明成化六年（1470 年）到 1929 年，共发生大洪水灾害 15 次，其中周期在 100 年以上的 I 级洪水 7 次，周期在 20~50

年的 II 级洪水 8 次，周期在 20 年以下的洪水灾害 34 次。潮白河的上游在密云和怀柔，是北京的一个暴雨中心多发区，以山洪泥石流灾害为主，历时短，破坏性强，下游洪灾以河道漫溢为主，历时长，淹没面积广，且河道主流摆动大，险工变化多，常造成两岸冲淤和严重塌岸现象，经常决口漫溢。

据《北运河水旱灾害》记载，北运河 1470 ~ 1918 年的 449 年间发生中大洪水灾害 19 次，其中 I 级洪水 8 次，II 级洪水 2 次；1918 ~ 1948 年间，I 级洪水 1 次，II 级洪水 4 次，一般洪水灾害不计其数。北运河发源于昌平、延庆、海淀山地丘陵地区，在山前形成冲积扇，地形坡度较陡，土质多为粉细砂组成，河道弯曲摆动，堤防残破不全，河床淤积严重。

大清河自康熙七年至 1942 年，共发生 I 级洪水 3 次，II 级洪水 1 次，其余年份均为一般洪水。大清河分为拒马河、大石河和小清河，其中拒马河上游紫荆关为暴雨中心多发区，小清河长期以来都是永定河的分洪道，两岸无堤，纵坡上陡下缓，洪水泛滥（北京市水利局，1999）。

蓟运河自清康熙二十八年至 1925 年，发生 I 级洪水 6 次。蓟运河主要支流泃河的上游河道无固定河床，或河道曲折狭窄，影响了行洪和排洪（平谷区水资源局，2002）。

综合 1956 年 8 月、1959 年 8 月、1963 年 8 月、1964 年 8 月的历史洪涝灾害数据和北京市易涝易渍类型分布图（北京市水利局，1999；丰台区水利局，2003；北京市潮白河管理处，2004），分析北京市历史洪涝淹没区域（彩图 15）。从图中可以看到，历史洪涝灾害淹没的范围主要集中在北京市平原地势低洼的地区。受灾严重的区域包括丰台区东部，朝阳区温榆河下游老河湾地区，通州区东南部，大兴区南部，房山区的东南部以及延庆盆地官厅水库周边等。

4）雨洪安全格局

历史洪涝淹没区域和模拟雨洪淹没区都是雨洪水汇集的源区。将上述两种淹没范围进行叠加，就确定出了北京市可能遭受雨洪淹没的地区，并根据其淹没频率，划分为低、中、高三个水平。从图中可以看到，雨洪淹没风险较高的区域主要分布在东南部平原地势平坦或低洼的地区，包括丰台区、温榆河下游老河湾、通州东南部、大兴南部、房山区的东南部等地区。

进一步结合区域水系格局的分析，判别出市域尺度上对于维系地表径流和雨洪过程的关键区域和空间位置。在这些区域建立连续完整的水系网络和多层次的滞洪湿地系统，就形成了不同安全水平下的雨洪安全格局。这个安全格局可以有效维护降雨径流的自然过程，通过恢复水系的调洪蓄涝能力，使城市免受雨洪灾害的威胁（彩图 16）。

5）地表饮用水源保护重要性分析

地表饮用水源保护的重要性主要根据评价地区在流域所处的地理位置，对整个流域水资源的贡献以及《北京市海河流域水污染防治规划》来进行综合评价。选择北京市区以及其他区县生活饮用水的主要水源地作为水源保护的“源”。然后根据自然属性、开发利用现状以及生态和社会功能确定地表水源地及缓冲区的保护级别。如密云水库、怀柔水库以及官厅水库是北京市区最重要的地表水源地，它们对于北京市的水安全具有重要影响。在本研究中,根据正式颁布的《北京市密云水库、怀柔水库和京密引水渠水源保护管理条例》来确定地表水源保护的重要地区。

根据该条例，密云水库的一级保护区为密云水库环库公路以内的区域。二级保护区为一级保护区以外的水库向水坡范围以内的区域,加上调节池的汇水范围。三级保护区为二级保护区以外的上游河道流域。

怀柔水库的一级保护区为怀柔水库主坝分水线、长副坝、怀沙公路、京通铁路以内的区域。二级保护区为一级保护区以外的水库向水坡范围以内的区域。三级保护区为二级保护区以外的上游河道流域。官厅水库库区范围划分为二级保护区。三级保护区为二级保护区以外的上游河道流域。

官厅水库以及保护区为永定河最高水位线（479m 高程）以内范围，永定河的官厅大坝至三家店闸山峡河道，二级保护区为官厅水库最高水位线以外 5 公里范围，三级保护区为上述地区以外的官厅水系流域范围。

京密引水渠（图 3-1-1）、永定河引水渠两侧各 100m 以内区域为一级保护

图 3-1-1　京密引水渠（海淀，俞孔坚摄，2009）

区。其他区县小型生活用水水库及其水源地均划分水源保护区，作为水源保护重要区域。

6）地下水补给适宜性分析

根据地下水资源补给能力分布图可知（彩图 12），各大水系的冲积扇以及冲积平原是北京市补给地下水的重点区域，它们包括：（1）永定河的冲积平原，由三家店向东南呈扇状展开，面积范围广大，包括中心城西部的大部分区域，如海淀、石景山、丰台区（图 3–1–2a）；（2）潮白河冲积平原，潮白河出密云山前后呈条带状南北延伸，面积也较大，主要包括密云县南寨镇、十里堡镇和西田各庄镇，怀柔区的东部和顺义区的北部（图 3–1–2b）；（3）泃错河冲积平原，展布于平谷与二十里长山之间，主要包括平谷区的王辛庄镇、峪口地区、大兴庄镇、金海湖地区、南独乐镇、夏各庄镇、马坊地区和东高村镇（图 3–1–2c）；（4）拒马河冲积平原，由大石河等支流作用形成，主要包括房山区的窦店镇、石楼镇和城关街道（图 3–1–2d~ 图 3–1–2e）；（5）南口冲积扇，主要包括昌平区南口镇（图 3–1–2f，g）。上述区域主要由砂卵石、砂砾等物质构成，透水性好，水文地质条件十分有利。受山区侧向径流和垂直降水入渗补给，年补给能力在 50 万 m^3/km^2 以上，是回补地下水的理想天然场所。在这些区域的周边，冲积扇和冲积平原的中下部，也是地下水回补的理想场所，年补给能力在 30~50 万 m^3/km^2 之间。

图 3–1–2a　永定河河道（房山，俞孔坚摄，2004）

图 3–1–2b　潮白河和大量的河道采砂（怀柔，俞孔坚摄，2008）

图 3–1–2c　泃错河廊道（平谷，俞孔坚摄，2008）

图 3–1–2d　大石河河谷走廊：原有自然河道（房山，俞孔坚摄，2002）

图 3–1–2e　大石河河谷走廊：硬化后的河道（房山，俞孔坚摄，2009）

图 3–1–2f，g　昌平南口及其辽阔的冲积扇（俞孔坚摄，2009）

3.1.3 综合水安全格局及规划导则

1）综合水安全格局

将雨洪淹没、地表饮用水源保护、地下水补给进行综合分析，得到北京市综合水安全格局。通过控制、管理格局内土地利用，可以达到保护地表和地下水资源，维护并强化区域水系格局的连续性和完整性，以及保障雨洪安全三方面的目的（彩图 17）。

2）规划导则（表 3–1–3）

三种安全标准下的北京市河道规划导则　　表 3–1–3

安全水平	河道缓冲区范围（m）	规划导则
低安全水平	50~80	◆ 严格禁止城市开发和村镇建设，保留自然湿地状态，满足洪水、生物等过程的需要； ◆ 在已被人工化改造的关键位置，应退耕还湿，或采取生态化工程措施，恢复自然河道
中安全水平	60~100	◆ 避免建设，否则应达到相关防洪标准； ◆ 可以保留农田，但是应调整生产结构和经营开发方式。如农业生产种植耐淹、早熟、高秆作物，开辟草场，发展畜牧业、养殖业； ◆ 在已被人工化改造的关键位置，应采取生态化工程措施退耕还湿，恢复自然河道； ◆ 在遵从自然过程的前提下满足社会、文化、审美需求，如建设湿地公园、养殖场，并发展科普教育和科学研究
高安全水平	80~150	◆ 允许建设，但应提高相应建筑标高和设施的防洪安全标准； ◆ 应限制布置大中型项目和有严重污染的企业，建设项目须达到相应防洪标准

（资料来源：作者整理）

（1）河流廊道

建立综合水安全格局的战略措施包括建立完整的河道网络系统。

A **一级河道**：结合两岸土地利用现状和规划，根据安全格局的关键战略性河段（如次级河道交汇点附近）恢复生态湿地功能系统，在适合的位置营造滨河防护林。防护林的树种选择本地树种。河道两边控制绿地宽度为 100~200m。

B **二级河道**：保护和恢复两岸的自然生境，增加湿地面积，通过局部开挖人工河道等方法加强水网的连通性，提供可选择性的辅助河道，在旱季作为绿色游憩通道，雨季充当泄洪通道。河道两边控制绿地宽度为 50~120m。

C **三级河道**：保留和恢复自然驳岸，保持地表水系和地下水系的渗透平衡，改善沿岸植被状况，提高河道的自净功能，与原有的池塘、水田相结合，提倡用自然净化过程减轻生活污水对水系的污染。城市段已经被固化的河道，通过改变剖面形式和留出沿河道两侧的绿地使其成为居民游憩的场所。河道两边控制绿地宽度为20~50m。

（2）地表饮用水源保护区

为保证城乡居民的饮用水安全，防止水源枯竭和水体污染，应对供水设施、水源地及重要的水源涵养区域加以保护，严禁破坏，城乡建设应加以避让或采取必要的限制措施。为使保护区的水质达到相应的标准，应尽量减少水源保护区内的建设项目与活动，杜绝存在水源污染风险的建设项目与行为，禁止在饮用水水源保护区内设置排污口。对于违反规定进行建设的项目应予以拆除或改造。

A　**一级水源保护区**：区域内禁止新建、扩建任何与水利、供水或水源保护无关的建设项目，特别是油库等危险设施；禁止任何有水源污染风险的行为活动，禁止在密云水库、怀柔水库坝上地区和京密引水渠两岸水利工程管理内设置商业、饮食、服务业网点，禁止开展旅游活动；严格控制区内人口的机械增长，并逐步实现区内常住人口外迁。

B　**二级水源保护区**：区域内应达到污染零排放的标准，不得直接或间接向水体排放污水，不得建设有水源水质污染风险的建设项目，如化工、造纸、制药、制革、印染、电镀、冶金等；不得使用有机氯农药。

水源保护应加强与上游省份的区域合作。如密云水库、永定河上游的河北、山西、内蒙古等省、自治区的区域合作，以流域为单位采取综合生态保护措施。

（3）地下水补给区

永定河冲洪积平原、潮白河冲洪积平原、沟错河冲洪积平原、中心城区西部以及一些废弃河道的水文地质条件十分有利于地下水补给，调蓄能力强，是建立地下水回补区的理想场所。规划导则包括（表3–1–4）：

北京市山前地下水补给区规划导则　　　　**表3–1–4**

名称	现状概况	规划级别和导则
潮白河山前地下水补给区	位于密云县南寨镇、十里堡镇和西田各庄境内，土地利用以耕地为主，地下水超采	地下水补给重点保护区 ◆ 建立大型滞水湿地 ◆ 严禁任何形式的水质污染
大石河山前地下水补给区	位于房山区窦店镇、石楼镇、城关街道，区内土地利用以耕地、农村居民点为主，地下水超采	地下水补给重点保护区 ◆ 建立大型滞水湿地 ◆ 严禁任何形式的水质污染

续表

名称	现状概况	规划级别和导则
中心城地下水补给区	位于中心城区西部，西以西山为界、东至复兴门、北到海淀、南至南苑，土地利用以城市建成区为主，地下水严重超采	地下水补给重点保护区 ◆ 保留区内现有水面 ◆ 改造区内现有绿地，使之具有雨水滞纳、净化与地下水回补功能 ◆ 在其他城市建成区，采取多种雨洪利用措施，促进雨水滞纳、净化与下渗。在废弃砂石坑、河流故道等水文地质条件适宜地区积极开展雨洪回灌
沟错河地下水补给区	位于王辛庄镇、峪口地区、大兴庄镇、金海湖地区、南独乐镇、夏各庄镇、马坊地区、东高村镇，区内土地利用以耕地、水域、林地为主，地下水未超采	地下水补给一般保护区 ◆ 禁止建设用地区侵占耕地、林地和水域 ◆ 在条件许可的情况下，优先构建滞水湿地 ◆ 禁止工矿企业污染地表和地下水，并严格控制农业面源污染
昌平南口地下水补给区	位于昌平区南口镇，区内土地利用以林地、耕地为主，地下水未超采	地下水补给一般保护区 ◆ 禁止建设用地区侵占耕地、林地和水域 ◆ 在条件许可的情况下，优先构建滞水湿地 ◆ 禁止工矿企业污染地表和地下水，并严格控制农业面源污染

（资料来源：作者整理）

A　充分发挥多种生态系统服务，包括：调控洪水，地下水补给，生物栖息地，调节小气候，农业生产，环境教育和游憩娱乐等。

B　优先建立大型滞水湿地；对于已经固化的地区应恢复自然湿地，或采取生态化工程措施，将人工河道恢复为自然河道，恢复自然弯曲形态，从而恢复其滞洪功能。

C　采取多种雨洪利用措施，促进雨水滞纳、净化与下渗。在废弃砂石坑、河流故道等水文地质条件适宜地区积极开展雨洪回灌。

D　改造区内现有绿地，使之具有雨水滞纳、净化与地下水回补功能。

E　严格控制建设用地区侵占林地、园地、耕地和水域。

F　严禁任何形式的水质污染，包括禁止工矿企业污染地表和地下水，并严格控制农业面源污染。

地下水补给重点保护区：建设大型滞水湿地，严禁任何形式的水质污染（如垃圾，粪便，易溶、有毒、有害废弃物堆放场等），改造区内现有绿地，增加雨水滞纳、净化并回补地下水的功能。

地下水补给一般保护区：禁止建设用地区侵占林地、园地、耕地和水域，禁止工矿企业污染地表和地下水，并严格控制农业面源污染，在条件许可的情况下，优先构建滞水湿地。尽量减少地下水补给区内地下水的开采利用，鼓励高效节水灌溉技术和雨水集蓄利用。

（4）洪泛湿地和滞水湿地

洪泛湿地有多种功能：调蓄洪水，收集利用雨水，生态栖息地，调节小气候和娱乐游憩等。根据不同安全水平下滞水湿地的规模和格局，应遵循如下导则：

A　**低安全水平范围内**：应严格禁止城市开发和村镇建设，尽可能保留自然湿地面貌，满足调蓄雨洪、生物栖息等水文、生物过程的基本需要；

B　**中安全水平范围内**：应避免城市开发建设；可以保留农田，但是应调整生产结构和经营开发方式。如农业生产种植耐淹、早熟、高秆作物，开辟草场，发展畜牧业、养殖业；

C　**高安全水平范围内**：应限制开发和建设规模，避免布置大中型项目，禁止有严重污染的企业，允许的建设项目须在达到相应防洪标准的同时，避免对水过程的阻碍；

在处于已经被人工化改造的防洪安全格局战略点位置，应退耕还湿，恢复为自然湿地，或采取生态化工程措施，将人工河道恢复为自然河道，恢复其自然形态，从而恢复其滞洪功能；

在安全格局框架之下合理安排流域内土地利用，在遵从自然过程的前提下满足社会、文化、审美要求，如建设湿地公园、养殖场，并发展科普教育和科学研究；

在上述措施的基础上，保留或者构建必要的配套性防洪基础工程，包括进洪闸、分洪道、泄洪闸、分洪区围堤工程等。在主流区和分流区附近，不允许布置有碍蓄滞洪的建筑物，并与灌溉、航运等功能相协调，在满足国家有关城市防洪的强制性规范要求的同时，更应注重生态化的防洪和水资源利用的更科学的生态景观设计方法。

（5）雨水控制利用导则

A　居住用地、商业办公用地

住宅区、商业区、学校的雨水污染程度相对较轻，水质较好，较适宜开展多功能雨洪调蓄利用。雨水控制利用措施应与景观设计、建筑布局、市政设施等系统考虑，竖向控制应考虑与周围区域雨水设施的衔接，优先考虑采用分散式的源头控制措施。优先采用植被浅沟、渗透沟槽等地表排水形式输送、消纳、滞留雨水径流，减少雨水管道的使用；若必须设置雨水管道，宜采用雨水口截污挂篮、环保雨水口等措施。广场、人行道、邻里支路及其他交通量较小的路面，建议优先采用透水性铺装。因地制宜地开展雨水积蓄利用，采用经济、适用的措施进行雨水收集，收集雨水优先用于绿化、喷洒道路、补充景观水体。

降落在屋面的雨水经过初期弃流，可进入高位花坛和雨水桶，并溢流进入低势绿地，雨水桶中雨水作为就近绿化用水使用。降落在道路、广场等其他硬化地面的雨水，应利用可渗透铺装、低势绿地、渗透管沟、雨水花园等设施对径流进行净化、消纳，超标准雨水可就近排入雨水管道。在雨水口可设置截污挂篮、旋流沉沙等设施截留污染物。经处理后的雨水一部分可下渗或排入雨水管，进行间接利用，另一部分可进入雨水池和景观水体进行调蓄、储存，经过滤消毒后集中配水，用于绿化灌溉、景观水体补水和道路浇洒等。居住用地内本身无法消纳的雨水，可以排入周边公园、广场内的植被浅沟、低势绿地，利用周边雨水控制利用设施进行径流和污染物削减。

B　道路

道路雨水径流污染程度较高，通过在道路红线和道路绿地内布置渗透性铺装、植被浅沟、下凹式绿地、雨水花园等雨水控制利用措施，构建水环境友好的绿色道路系统，从而提高道路排水能力、降低径流污染程度、增加雨水下渗量，并创造人水和谐的新型道路景观（车伍等，2008）。

降落在机动车道上的雨水将根据排水方向，汇入道路绿化带的生态沟渠，在植被浅沟以及雨水花园中进行传输、滞蓄、净化和下渗，超标准雨水径流将通过溢流口排入雨水管。降落在非机动车道上的雨水首先通过渗透铺装入渗地下，超标准雨水同样进入绿化带和雨水管道。在雨水口可设置截污挂篮、旋流沉沙等设施截留污染物。道路用地内本身无法消纳的雨水，可以排入周边公园、广场内的植被浅沟、低势绿地，利用周边雨水控制利用设施进行径流和污染物削减。

C　绿地

绿地雨水水质较好，可利用空间较大，通过将雨水设施与景观设计相结合，充分利用景观水体和植被，构建雨水花园、雨水湿地等多功能调蓄设施，形成集雨水生态收集、湿地景观营造、休闲游憩功能为一体的新型绿地。

位于雨水排放系统末端的绿地，除雨水花园、低势绿地等源头措施外，可充分利用绿化空间和景观水体，布置大型终端雨水控制利用措施。通过雨水塘、雨水湿地等多功能调蓄设施，在满足景观要求的同时，对来自周边区域的雨水水质和径流流量进行调控，并对雨水资源进行合理利用。如在大型公园绿地、滨河绿地、防护绿地内设置前置塘—雨水湿地，使雨水管的雨水首先排入雨水湿地进行停留、净化与下渗，水质达标后再排入河道；还可以将雨水湿地、景观水体内的水用于绿地灌溉和道路浇洒，从而节约水资源。

D　农村居民点

农村雨水管理不仅应该考虑雨水集蓄利用技术，而且还要充分考虑经济、资源、生态环境、景观建设及其他相关技术等各方面的因素，在雨水利用的同时也考虑农村面源污染控制、水土保持和环境改善等（罗红梅等，2007）。

鼓励农户利用雨水罐、地下集雨池等方式收集屋面雨水，经初期弃流后用于浇花、浇菜、冲厕。可在庭院内开辟雨水花园，将雨水导入种植区入渗地下。村内道路广场尽量采用碎石等透水铺装，起到涵养地下水的作用。对生活污水、畜禽养殖、水产养殖和旅游开发进行管理，防止农村生产、生活污水对雨水径流的污染（罗红梅等，2007）。

E　农用地

平原区：蓄集地表水，鼓励“一园一池，一亩一窖”，充分利用旱井、水窖、水池等微型蓄水工程；鼓励高效节水灌溉技术，提高雨水利用效率；调整农业种植结构，鼓励小麦、玉米、土豆等旱作农作物的耕作；重点防止农业面源污染，可在入河口处设置砂坝、格栅等截污措施以及前置塘和缓冲带。在地下水补给区内，应鼓励农田灌溉补给地下水。

山区：在地质条件适宜的区域实行坡面节水工程措施，水平阶整地、建山坡截流沟；适宜地区建设梯田蓄集雨水保持水土；建设生态排洪沟，在坡度较大的沟底填一些沙石，减少冲蚀；在低洼处建设天然水塘，既可暂时存蓄雨水，也可作为天然沉沙池，起到沉淀雨水中泥沙的作用；调整山区植被的空间结构和种类，借鉴济南“松柏盖顶，干果缠腰，鲜果抱脚，瓜菜沟边”模式，鼓励种植耐旱品种。

3.2　地质灾害防治和水土保持安全格局

北京地区由于地形地质条件复杂，断裂构造发育，降水时空分布不均匀，存在着大量的地质灾害隐患（彩图 18）。北京地区有 9 个区县 32 乡镇受地质灾害影响较为严重，常见地质灾害有崩塌滑坡、泥石流、采矿塌陷、地面沉降、地裂缝等。近年来，一些不合理的人类活动使局部地区地质环境逐步恶化，地质灾害已经给当地的生命财产、交通和水利设施、旅游设施造成了一定的破坏。如：北京地区的突发性地质灾害（泥石流、矿山地面塌陷、滑坡、崩（滑）塌），影响面积为 5600 平方公里，涉及 7 个区县、54 个乡镇、200 个村庄、6000 余户、20000 多人、4 条国道、2 条高（快）速路，3 条铁路以及众多电力和水利设施（北京市国土资源和房屋管理局，2003）。

水土流失是北京市非常突出的土地生态环境问题。水土流失是由地面径流作用于土壤引起的土壤侵蚀，易造成土壤养分流失、淤积、面源污染等生态环境问题，最终导致生态环境恶化。北京市山区土地面积很大，水土流失范围分布较广，部分地区水土流失程度严重。

为此，强化对北京市地质灾害和水土流失的防护与治理已势在必行。

3.2.1 地质灾害和水土流失分布

1）泥石流

泥石流是北京山区最严重、最具破坏性的地质灾害类型，其形成原因复杂、暴发突然、危害极大。北京山区泥石流分布广泛，有7个区县69个乡镇发育有泥石流（表3–2–1）。

北京市泥石流分布及危害程度统计表 表3–2–1

区（县）	泥石流（条）	潜在泥石流（条）	合计（条）	危害程度及分布数量（条）			
				严重	较严重	较轻	基本无害
延庆	85	10	95	1	18	62	14
怀柔	152	65	217	12	56	137	12
密云	141	95	236	24	92	101	19
平谷	34	19	53	3	19	10	21
房山	62	29	91	1	24	52	14
门头沟	103	16	119	—	20	71	28
昌平	36	4	40	—	9	16	15

（资料来源：北京市地质矿产勘查开发局.《北京市地质灾害防灾减灾研究报告》，2004）

泥石流的形成是多种因素综合作用的结果。地形条件、物质条件、降雨条件，三者缺一不可。地质地貌是泥石流形成的基本因素，降雨是泥石流暴发的激发因素，人类不合理的经济活动是泥石流形成的促发因素。

泥石流在分布上具有一定的自然规律性：在空间分布上，泥石流分布受主干断裂控制，多集中分布在构造带附近或几组断裂交汇部位和山体高大、坡陡谷深的坚硬岩石区或软硬相间岩石区。在时间分布上，泥石流活动强度与洪水活动周期相一致，其决定于灾害性降雨出现的周期（北京市国土资源和房屋管理局，2004）。

2）滑塌、崩塌

滑塌是北京山区最常见的一种不良地质现象，雨季经常发生。大型滑塌都发育在残坡积层厚度较大的坡面，直接触发因素是强暴雨。

崩塌多形成地形坡度大于55° 的山体，基岩被结构面分割成不连续块体，在重力作用下发生崩落或倾倒，在本市主要分布在密云北部、怀柔中部及房山大石河等地区。崩（滑）塌不仅直接形成灾害，其固体物质往往成为泥石流的土石来源，调查发现，北京地区的泥石流有80%是由崩（滑）塌触发沟床物质形成的（北京市国土资源和房屋管理局，2004）。

3）矿山地面塌陷

矿山地面塌陷主要发生在西山采煤区，据不完全统计，已发现塌陷299处、塌陷坑1232个、地裂缝577条、不均匀沉降47处，塌陷造成的山体滑塌84处。涉及门头沟区、房山区、丰台区的20多个乡镇办事处及9个国营矿区，有42个村庄受到不同程度的危害。矿山地面塌陷造成对房屋、道路、水利电力设施、林木及耕地的严重破坏，累积直接经济损失近2亿元。据预测，今后十年累积矿山塌陷面积将增大到58.76km^2，人类居住的古老采空区是主要灾害隐患区。雨季陡降暴雨是地面塌陷的主要促发因素（北京市国土资源和房屋管理局，2004）。

4）滑坡

受自然条件的影响，北京市的滑坡不甚发育，特别是大型自然滑坡十分少见，目前，主要是受人类经济建设活动影响而产生的中小型滑坡，主要分布在房山、延庆、怀柔和平谷等地区。滑坡按其成因可分为人为滑坡和自然滑坡，按物质成分可分为土层滑坡和岩层滑坡。

目前，北京市因山区建设及采矿引起的人为滑坡较突出，值得注意的是，随着山区开矿筑路等工程活动的增加，山体的边坡稳定性遭到破坏，山体滑坡时有发生（北京市国土资源和房屋管理局，2004）。

5）地裂缝

北京地区的通州、平谷、顺义、良乡、德胜门、天坛等地均有发生地裂缝的记载。唐山地震后北京平原区也出现了许多地裂缝。按成因北京地区的地裂缝可以分成四类：地震地裂缝、地面沉降地裂缝、矿山塌陷地裂缝和构造滑坡地裂缝（北京市国土资源和房屋管理局，2004）。

6）水土流失

北京市属于水力侵蚀类型区中的北方山石区，该区水土流失为中度—强烈侵蚀，是华北地区水土流失最严重的地方（土壤侵蚀分类分级标准，1997）。目前，北京山区水土流失情况仍然较为严重，有水土流失面积 4088.91 km^2，其中轻度侵蚀 2974.7km^2，中度侵蚀 1114.21 km^2。主要分布在密云县、门头沟区、延庆县、房山区、怀柔区等一些山区及河滩。水土流失降低了土壤肥力、淤积水库、水质污染，同时为泥石流灾害的发生提供了条件，极大地影响了山区的可持续发展（靳怀成，2001）。

3.2.2 地质灾害和水土流失过程分析

本研究重点选取对北京市影响较大和较为常见的地质灾害及水土流失问题进行分析，通过对单一过程的主控因素和诱发因素的分析，为划定地质灾害和水土流失的防治区及制定导则提供依据。

1）泥石流

作为一种自然现象，泥石流是山区地质、地貌等自然条件演化到一定阶段的必然产物，是山区内、外地质营力综合作用的结果。

根据泥石流的形成原因，其主控因素包括地形条件、岩性构造、植被条件等自然因素，诱发因素有降雨因素和人为因素。降雨泥石流产生的诱发因素，灾害的产生与降雨量和降雨强度息息相关。降雨量越大并且强度越强，就越容易激发泥石流的产生，北京市降雨多为暴雨，为泥石流的发生提供了条件。

2）崩塌

崩塌形成因素包括岩性构造、地形和地貌、土层植被、降水条件等。诱发因素包括地震、融雪降雨、地表冲刷和浸泡、人为干扰等。

根据北京市崩塌现状的具体情况，判别出导致崩塌发生的最重要的 4 大自然因素和 1 个诱发因素，自然因素分别是植被覆盖度、坡度、地貌和地质岩性，诱发因素为降水侵蚀力。对于坡度因子而言，崩塌多形成地形坡度大于 55° 的山体，基岩被结构面分割成不连续块体，在重力作用下发生崩落或倾倒。

3）水土流失敏感性分析

水土流失敏感性是为了识别容易形成水土流失的区域，评价水土流失对人类活动的敏感程度。美国通用水土流失方程（USLE）包括了影响坡面土壤流失的主要因素，公式建立所用的资料范围较广，并且统一了侵蚀模型形式，从而使 USLE 方程在国内外得到了广泛应用。

通用水土流失方程（USLE）的表达式为：

$$A=R \cdot K \cdot LS \cdot C \cdot P$$

式中：A 为土壤侵蚀量；R 为降水侵蚀力；K 为土壤质地因子；LS 为坡度坡向因子；C 为地表覆盖因子；P 为农业耕作措施（耕作）因子。其中，农业耕作措施是人为因素。

从通用水土流失方程上，可以看出影响一个区域水土流失的主要有降水、地貌、植被、土壤和人类活动五大要素，这些因素同样可以被用来表征特定区域对水土流失的敏感性。参考北京市土壤侵蚀的相关研究（侯喜禄等，1991；王万忠等，1996；叶芝菌等，2003）和可获得的数据情况，本文选取了降水侵蚀力、坡度、土壤质地和植被覆盖度作为评价指标，各指标的分级、赋值和权重由专家打分法获得，见表 3–2–2、彩图 19。

北京市水土流失敏感性评价表　　表 3–2–2

评价指标		分级				权重
		不敏感	轻度敏感	中度敏感	高度敏感	
降雨条件	降水侵蚀力	降雨侵蚀很弱	降雨侵蚀弱	降雨侵蚀中等	降雨侵蚀强	0.2
地形条件	坡度（°）	<10	10~15	15~25	>25	0.25
土壤条件	土壤质地	建成区、水库、其他	黏壤土、黏质土	中壤土、重壤土、轻壤土	砂壤土、砂质土、松砂土、卵石滩、砂砾、裸露岩石	0.15
地表覆盖条件	植被覆盖度（%）	67~100	51~67	34~51	0~34	0.2
土地利用类型	土地利用类型	建设用地、水域、沼泽地、其他土地	林地、天然草地、改良草地	水浇地、旱地、园地、人工草地、荒草地、盐碱地	迹地、裸土地、沙地、裸岩石砾地	0.2

（数据来源：作者根据相关资料整理）

3.2.3　地质灾害防治和水土保持安全格局及规划导则

1）安全格局（彩图 20）

（1）地质灾害防治安全格局

通过对各地质灾害类型的诱因和灾害易发区内土地利用的格局分析，确定以地质灾害发育点为核心、对地质灾害防护起关键作用的区域和空间联系。针对地质灾害来讲，主要是各种地质灾害发育区的缓冲区。缓冲区的范围受不同地质灾害的类型、发育强度、分布状况、发生发展趋势、危害目标（或潜在的危害对象）、发生频率、地形地质条件、气候降水条件及人类活动强度等因素影响。本研究在参考相关研究成果的基础上，确定了地质灾害缓冲区的等级和范围。

（2）水土保持安全格局

根据北京市水土流失的情况和土地利用状况对水土流失敏感性评价图进行判断，得出水土流失安全格局。

A **低安全水平：**是指水土流失的高敏感区，占全市土地面积的6.66%。在北部山区，水土流失敏感区主要分布在怀柔区中部、密云县西北部以及平谷山区、昌平北部山区等，如怀柔的雁栖镇、怀北镇、琉璃庙镇，密云的石城镇、冯家峪镇，平谷的黄松峪乡、熊儿寨乡，以及昌平的兴寿镇等。在西部山区，水土流失的高敏感区主要分布在房山区的西部和门头沟区的中东部，如房山区的十渡镇、霞云岭乡、河北镇，门头沟区的潭柘寺镇、永定镇、大台办事处等。

B **中安全水平：**包括水土流失的高敏感区和中敏感区，占全市土地面积的26.86%。主要分布在房山西南部，怀柔和密云交界以及平谷北部。

C **高安全水平：**包括水土流失的高敏感区、中敏感区和低敏感区，占全市土地面积的43.00%。主要分布在怀柔的中部，密云的西北部，平谷东部和东北部，门头沟的东部以及房山的中部。

2）规划导则

（1）地质灾害

A 限制建设要求

低安全水平应划为禁建区，特别是禁止建设永久性居住设施、生命线工程以及易发生火灾、污染等次生灾害的项目。应尽快依照相关法规条例，确定合理的避让范围和保护带宽度，已有建设项目建议逐步搬迁。

中安全水平应划为限制建设区，禁止重要设施的建设。工程项目在申请建设用地之前必须进行地质灾害危险性评估。在经过工程治理后，可在一定的限制条件下进行工程建设。

在高安全水平内仍存在一定的地质灾害风险，应禁止建设永久性居住设施、生命线工程以及易发生火灾、污染等次生灾害的项目。

B 灾害防治措施和生态修复

通过工程措施来预防和减轻地质灾害。在地质灾害高风险区建立完整的防治工程体系，如修建拦沙坝、谷坊、泥石流排导槽和进行沟道整治等工程措施减轻泥石流的危害；对岩土体采取清挖、锚固或拦挡等加固工程措施，避免崩塌、滑坡的出现；加强建设项目的地质灾害评估，防止在工程建设中诱发地质灾害，如在道路、隧道建设进行人工大爆破时，可能诱使岩体结构遭到破坏而引起崩塌，应提前采取预防措施；严格禁止滥采乱挖现象，关闭小矿小窑；在地面沉降严重地区进行地下水回灌工程。

生态保护和生态恢复。生态恢复不仅能恢复被破坏的土壤、水系、植被等生态要素，而且能发挥土地的多种功能。例如，在现有矿区废弃地的恢复技术中，就有通过深挖浅垫法来达到农业生产和水产养殖并举的目的。除此之外，还可以改造成为湿地公园或重建为生物栖息地斑块。

（2）水土流失

结合水土流失敏感性评价结果，因地制宜地实施生态保护、生态修复和生态建设，合理运用生物措施和工程措施，提出不同安全格局内土地利用的控制性导则。

A **低安全水平：**水土流失高敏感区。在远山高山区人为活动较少地区通过封山育林，坡中下部地势较低的地区栽植水土保持林和经济林，拦沙蓄水，禁止城市开发和村镇建设，应严格控制对原有地貌、植被和水系的干扰和破坏。

B **中安全水平：**水土流失中敏感区。加强水土保持林建设，在达到国家有关水土流失防治标准的前提下，合理地进行一些低强度的开发，如生态农业、果树种植、生态旅游等。

C **高安全水平：**水土流失低敏感区。减少高强度、大规模的开发建设对本区内原有土地覆被的侵占和破坏，满足水土流失缓冲区的需求。

3.3 生物保护安全格局

北京市具有湿地、天然林、低山丘陵次生林、平原人工栽培植被和城市公园绿地等多种多样的生境类型，它们由丰富的植被类型和复杂的生物群落构成，适合不同生境需求的动植物生存，具有南北方动植物过渡性特征，生物多样性十分丰富。

然而，作为快速城市化的典型代表，近年来北京市生物多样性保护面临严峻挑战，如栖息地的丧失和退化、生境斑块破碎化、大型工程设施的建设切断了生物迁徙的廊道、自然保护区等主要生物栖息地之间缺乏有效联接等等。针对上述问题，本研究应用焦点物种途径和景观安全格局理论，从区域和景观层次上识别生物多样性保护的关键过程和空间格局，形成城乡连续的乡土生境和生物廊道系统，从而保护区域生物栖息地和生态系统的完整与健康。

3.3.1 生物资源现状

1）植物资源

据资料，北京市植物区系为第三纪植物区系的直接后代，共有维管束植物169科898属2088种，171种变种、亚种和变型，其中栽培植物约占1/5。在所有维管束植物中，蕨类植物有20科30属75种；裸子植物9科18属37种；被子植物140科821属1944种。若按照植物的生活型划分，约有乔木243种，灌木308种，草本植物1682种（贺士元等，1984）。在北京市所有的植物物种中，列入《北京重点保护野生植物名录》的共计80种（类），其中：羽扇羽阴地蕨、槭叶铁线莲、北京水毛茛、刺楸、轮叶贝母、紫点杓兰、大花杓兰、杓兰8种为一级保护植物，小叶中国蕨等72种（类）为二级保护植物（北京市园林绿化局、北京市农业局，2008）。

北京在气候上处于暖温带到中温带的过渡，主要属于暖温带半湿润大陆性季风型气候，因此地带性植被类型主要为落叶阔叶林，兼有温带针叶林等；可以划分为五种基本类型：针叶林、落叶阔叶林、落叶阔叶灌丛、灌草丛、草甸。由于历史上长期的开发和其他人为影响，目前天然林已不多见，现在的自然植被多为次生的松栎林、杨桦林或灌丛草本群落。在北部和西部山区，山区植被垂直分布明显，森林群落主要分布在400m以上的阴坡；东部和南部的平原区，多为农作物、农田林网以及城市绿化等（霍亚贞，1989）。

2）动物资源

北京市的陆生脊椎动物共计89科461种，包括兽类19科58种，鸟类58科375种，爬行类8科23种，两栖类5科10种（蔡其侃，1988；王鸿媛，1994；陈卫等，2002；保护中国生物多样性网站，2005）。其中，国家一级保护动物有10种，如黑鹳、白鹳、金钱豹、斑羚等；二级保护动物50多种；市一级保护动物32种，市二级保护动物有136种。北京市的鸟类资源最为丰富，种类占全国总种类的30%，在本市繁殖的留鸟和夏季候鸟有140余种，猛禽中鹰科、隼科等大约41种，占全国种类总数的一半（蔡其侃，1988）。

3）栖息地

（1）栖息地类型

北京市生物栖息地的类型主要包括湿地、天然林、低山丘陵森林、平原人工栽培植被等。自然保护区、风景名胜区和森林公园和湿地是生物的重要栖息地，其中西北部山区森林以及湿地在栖息地系统中占有非常重要的地位（表3-3-1）。

北京市主要栖息地类型　　表 3-3-1

一级分类	二级分类	生境说明
湿地	河流湿地	共有大小河流 200 余条，分属于海河水系的永定河、潮白河、北运河、蓟运河和大清河五大水系
	人工库塘、湖泊湿地	面积有 1.5 万公顷。面积较大的有顺义汉石桥、延庆野鸭湖、门头沟三家店等处；87 座水库，包括密云、怀柔、官厅等大型水库和中小型水库
山区森林	针叶林	华北落叶松林、青杆林、油松林、侧柏林等
	落叶阔叶林	主要是各种栎树林，椴、槭、榆、白蜡为主的混交林
	灌丛	包括荆条、锦鸡儿、绣线菊、胡枝子、小叶鼠李等各类灌丛
	灌草丛	荆条、酸枣、黄背草灌草丛，荆条、酸枣、白羊草灌草丛
	草丛	白羊草、黄背草草丛
平原人工栽培植被	防护林	主要是杨树、旱柳、馒头柳、绦柳、千头椿、银杏、国槐、悬铃木、油松、侧柏、白蜡
	经济林	苹果树、梨树、桃树、柿树、核桃等果园
	水浇地、旱地	玉米、冬小麦、蔬菜、大豆等农作物
	水田	水稻
建成区	城市绿地	大型绿地斑块，如圆明园、天坛等

（资料来源：作者根据相关资料整理）

（2）湿地

北京市的湿地包括河流湿地和库塘湿地（图 3-3-1、图 3-3-2）。据调查统计，北京市主要湿地（100 公顷以上）面积约 5 万公顷，其中天然湿地 3.5 万公顷，人工湿地约 1.5 万公顷，如通州台湖地区大面积的荷田。北京湿地的生物种类较多，湿地植物有 69 科 183 属 312 种；野生动物 260 多种，其中鸟类 152 种，鱼类 81 种（首都园林绿化政务网，2006）。

据有关研究，北京市共有 8 个重要的湿地保护区（见表 3-3-2），湿地保护区总面积可达 60222 公顷，其中密云水库湿地保护区已列入全国重要湿地名录（陈卫等，2007）。北京市海淀区的翠湖湿地公园已被列入第二批国家级城市湿地公园名单。

北京市湿地保护区一览表　　表 3-3-2

序号	名称	面积（hm^2）	保护对象
1	拒马河	1125	水生动物
2	野鸭湖	9000	候鸟
3	白河堡	8260	水源涵养林

续表

序号	名称	面积（hm^2）	保护对象
4	金牛湖	1000	候鸟
5	龙庆峡	700	自然景观和森林植被
6	怀沙河—怀九河	111.2	水生动物
7	密云水库	27000	水源地
8	汉石桥	1500	水生植物等

（资料来源：陈卫等，2007）

图 3-3-1　天然湿地：海淀翠湖湿地（俞孔坚摄，2003）

图 3-3-2　人工湿地：通州台湖荷田景观（俞孔坚摄，2010）

（3）自然保护区

北京市自然保护区建设始于1980年代初期，目前有各种类型的自然保护区20个（图3-3-3），总面积12.72万公顷，占全市面积的7.6%，保护了北京85%以上的野生动物物种和超过60%的高等植物物种（表3-3-3）。

北京市自然保护区一览表　　表3-3-3

序号	自然保护区名称	所在区县	面积（hm^2）	批建时间
1	松山国家级自然保护区	延庆县	4660	1986年7月
2	百花山市级自然保护区	门头沟区	1699.3	1985年4月
3	喇叭沟门市级自然保护区	怀柔区	18482.5	1999年12月
4	石花洞市级自然保护区	房山区	3650	2000年12月
5	蒲洼市级自然保护区	房山区	5397	2002年12月
6	野鸭湖市级自然保护区	延庆县	9000	1999年12月
7	云蒙山市级自然保护区	密云县	3900	1999年12月
8	云峰山市级自然保护区	密云县	2233.6	2000年12月
9	雾灵山市级自然保护区	密云县	4152.4	2000年12月
10	四座楼市级自然保护区	平谷区	20000	2002年12月
11	玉渡山县级自然保护区	延庆县	9820	1999年12月
12	莲花山县级自然保护区	延庆县	1470	1999年12月
13	大滩县级自然保护区	延庆县	12130	1999年12月
14	金牛湖县级自然保护区	延庆县	1000	1999年12月
15	白河堡县级自然保护区	延庆县	8260	1999年12月
16	太安山县级自然保护区	延庆县	3470	1999年12月
17	朝阳寺木化石市级自然保护区	延庆县	2050	2001年12月
18	汉石桥湿地市级自然保护区	顺义区	1615	2005年3月
19	拒马河市级水生野生动物自然保护区	房山区	1125	1996年11月
20	怀沙河－怀九河市级水生野生动物自然保护区	怀柔区	111	1996年11月
	合计		114225.8	

（资料来源：北京市园林局网站：http：//www.bjbpl.gov.cn，2011-6-24）

图 3-3-3　山地自然保护区：延庆玉渡山自然保护区（俞孔坚摄，2003）

（4）风景名胜区与森林公园

风景名胜区和森林公园是北京市生物多样性的相对富集区（图 3-3-4、图 3-3-5）。截至 2009 年，北京市有风景名胜区共计 26 处，其中国家级 2 处（八达岭－十三陵风景名胜区、石花洞风景名胜区）。各类风景区总面积达 2224km^2。据调查，北京市风景区内动植物资源就达 2000 余种，其中包括狍子、獾、野豹、鸡、野鸭、松鼠、狐狸、山兔、猫头鹰、金雕等动物和众多的古树名木等植物资源（陈晓等，2003）。北京市还拥有森林公园和森林旅游区共计 25 个，其中包括国家级森林公园 14 个，这些国家级森林公园面积达到 78.5 万亩，占全市森林公园总面积的 81.1%。风景名胜区和森林公园的植被覆盖率平均高达 76.7%，如八达岭国家级森林公园，总面积为 4.4 万亩，植被覆盖率达到 96%，是北京地区森林垂直谱系分布比较完整和典型的地区之一，并且分布有华北地区面积最大的天然次生暴马丁香林。

图 3-3-4　雄奇的太行山余脉：构成北京西部景观的基本特色（房山周口店，俞孔坚摄，2006）

图 3-3-5　透迤秀丽的燕山山脉：构成北京北部山区景观的基本特色（延庆蟒山寨，俞孔坚摄，2005）

3.3.2 生物过程分析

1）分析方法

（1）焦点物种途径

20 世纪 80 年代以来，生物多样性保护逐渐从对单个物种或自然保护区的保护与管理，过渡到对整体生态系统及其相应的全部生物组分与过程的保护（曹丽敏等，2001；江洪等，2004）。如何在景观和区域尺度上，判别对于生物保护具有重要意义的栖息地及其空间格局，形成生物保护网络，成为了焦点问题。

当前，城市化地区大尺度生物多样性的保护与管理面临着两个主要问题：一是由于资金、技术、时间的限制，无法对研究区内所有，甚至大部分物种开展长期的实地观测与研究；二是城市环境的复杂性、动态性，及经济发展与生物保护之间的矛盾给研究和管理造成的困难（Pauchard et al.，2006；Wang et al.，2007）。

鉴于一些物种与其他物种有相似的生态学特征或栖息地需求，部分保护生物学家用某一或某几个物种作为代理种（surrogate species）来研究生物保护与栖息地管理。随着各地各类研究的深入，先后出现了指示种（indicator species）、伞护种（umbrella species）、旗舰种（flagship species）、焦点种（focal species）等相关概念（Simberloff，1998；Caro et al.，1999；李晓文等，2002；Favreau et al.，2006），代理种途径也日益成为生物保护研究与规划的一种捷径。Lambeck 于 1997 年提出生物多样性保护的焦点物种途径（focal species approach）（Lambeck，1997），即通过分析与识别场地所面临的主要威胁，找出针对威胁最需要保护的焦点物种，假设其需要得到满足，那么所有物种的需要也都可以得到满足。多个焦点物种可表征全部物种所处栖息地的不同侧面，并将这些物种视为一个焦点群落（focal community）（Brooker，2002），通过对该焦点群落所需的栖息地进行恢复、保护与管理，以达到保护大多数物种，乃至整体生物多样性的目的。在场地数据相对缺乏，且物种与栖息地正面临越来越严重的威胁，需要尽快制定景观与区域生态管理规划的情况下，焦点物种途径不失为一种高效可行的途径，逐渐被相关研究采用并有所发展（Rubino and Hess，2002；Hess and King，2002；Humphrey，2009）。但目前国内还鲜有类似研究。

景观安全格局旨在解决如何在有限的国土面积上、以最高效的景观格局、维护土地生态过程的安全与健康的问题。该理论认为景观中存在潜在的空间格局，它们由一些关键性的局部、点（战略点）和位置关系所构成，对维护和控制某种生态过程起着关键性作用（Yu，1995，1996；俞孔坚，1999）。在生物保护中，一个典型的景观安全格局包括源、缓冲区、源间连接、辐射道和战略点等景观组分。该方法已在多个地区的生物保护安全格局的构建中得到应用（俞孔坚等，2009a，

2009b，2009e；刘吉平等，2009）。

为此，本研究将焦点物种途径和景观安全格局方法结合起来，对北京市生物保护安全格局进行分析与规划。针对生物栖息地丧失和破碎化的威胁，基于焦点物种的选取和分析，运用最小阻力模型和GIS空间分析方法，从区域和景观层次上识别生物多样性保护的关键空间格局并进行规划，为北京市域生物多样性的保护和管理提供科学依据。总体研究流程见图3-3-6。

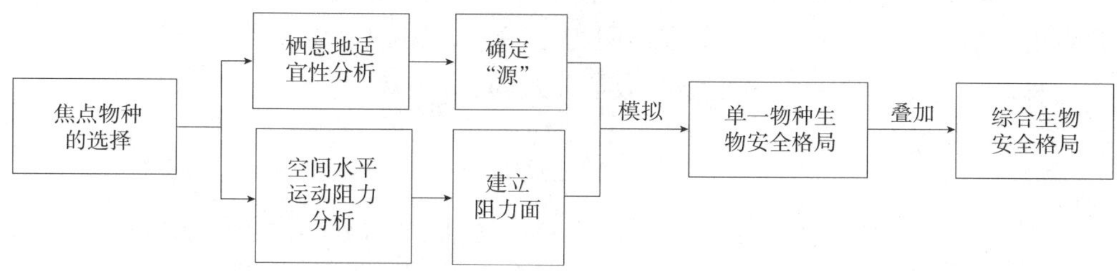

图3-3-6　生物安全格局研究流程图

（图片来源：作者绘制）

（2）焦点物种的选择标准

在选取焦点物种时除了考虑物种的稀有性、特有性，受威胁状态以及在生态系统及群落中的地位（俞孔坚等，1998b）等普遍适用的原则外，还应针对具体问题进行具体分析。通过专家咨询和文献分析（蔡其侃，1988；王鸿媛，1994；陈卫等，2002；保护中国生物多样性网站，2005），认为在北京市选择焦点物种时考虑的因素还应包括：A 对其他物种及各类型栖息地具有指示作用，可以代表至少一类典型栖息地；B 具有生物学上的代表性与典型性；C 相关资料详尽全面；D 能够引起公众关注。

需要说明的是，焦点物种不同于环境指示种，对环境变化和人类干扰的敏感性并非必要条件，但需要给予考虑。另外对植物而言，由于水平扩散难于观察，且一般乔木生活史时间长，对干扰的反应不易观察，灌木或草本植物对生境和其他物种的代表性不强，所以本研究同多数研究一样，不选择植物作为焦点物种。

（3）焦点物种的栖息地适宜性分析

由于缺乏北京市区域尺度上相关物种的实地观测数据，因此本文在参考相关研究（张文广等，2006；秦喜文等，2009）的基础上，采用专家打分和空间分析法进行栖息地适宜性分析与评价。

首先，分析某一焦点物种的栖息地特点，然后通过专家咨询，提取影响栖息地适宜性的关键因子，如土地覆盖、海拔、坡度、人类干扰程度等，并对其权重和适宜性进行赋值与分级，最后通过GIS的空间叠加技术得到适宜性评价结果的直方图，人工判别出最适宜该物种的栖息地，并将其作为“源”进入下一步分析。

（4）基于阻力面分析的焦点物种生物保护安全格局

基于阻力面分析的生物保护景观安全格局是指根据所选定焦点物种的空间运动规律，通过模拟其在景观中克服阻力进行水平运动的过程，建立阻力面，再根据阻力面的特征来判别核心栖息地（源）以外的景观安全格局元素，获得不同安全水平的生物安全格局。具体分析过程为（俞孔坚，1999）：

A **阻力面的建立**：基于文献研究，确定不同土地覆盖类型对物种空间运动的阻力。然后运用 MCR（最小累计阻力）模型，得到一个反映物种运动潜在可能性及趋势的阻力表面，该模型的数学公式为：

$$MCR=f\sum_{i=1}^{i=n}(d_i \times R_i)$$

式中：*MCR* 代表焦点物种由源扩散到空间某点的最小累积阻力，*f* 是一个未知的单调递减函数，d_i 代表焦点物种离开源、经过景观 *i* 的扩散距离，R_i 是景观 *i* 对于该焦点物种运动的阻力，但反映 *MCR* 与变量（$d_i \times R_i$）之间的正比关系。每一种景观对焦点物种水平运动的阻力 *R*，由景观的基面特性决定（在本研究中为土地覆盖类型）。阻力面的建立和计算主要通过 ArcGIS 的空间分析来实现。

B **根据阻力面的空间特性判别安全格局**：除了已确定的源以外，生物安全格局的其他组成部分可以根据阻力面的空间特征来判别，包括（俞孔坚，1999）：

缓冲区：根据离源距离与 *MCR* 关系的剖面曲线（图 3-3-7）与 *MCR* 值与面积（ArcGIS 中表示为栅格数量）关系曲线，找到某些阶段性阈值，并以此作为边界，建立不同水平的安全格局；

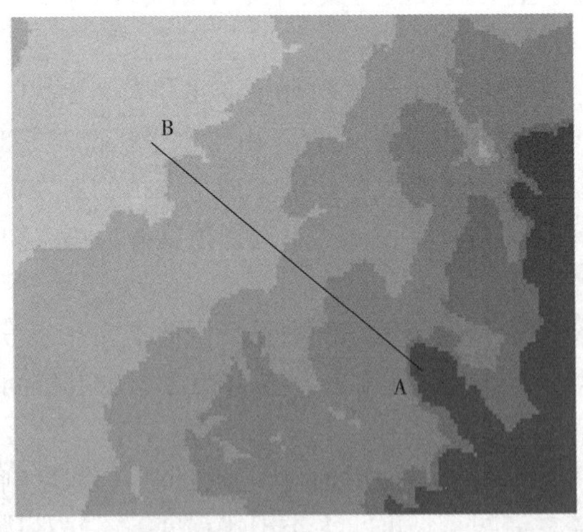

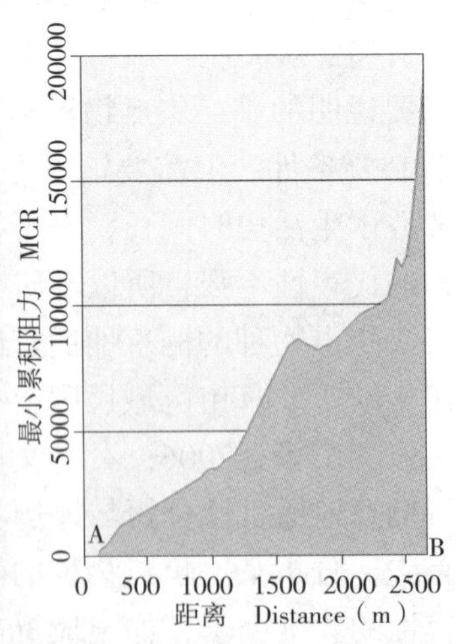

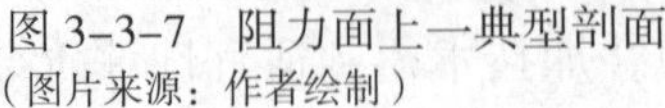
图 3-3-7 阻力面上一典型剖面
（图片来源：作者绘制）

源间连接：即各源间的低累计阻力谷线，往往是重要的生态廊道，根据安全水平的不同，源间连接可以有一条或多条；

辐射道：指物种从源向外扩散的低阻力通道，根据复合种群等理论，其对物种控制景观过程（如迁徙等）及自身进化具有关键作用；

战略点：指对沟通相邻源之间联系有关键意义的"跳板"，对物种维护和控制景观过程同样有重要作用（俞孔坚，1998）。

依据景观水平过程分析建立的生物保护安全格局，克服了传统生态规划的叠加模式缺乏对水平过程考虑的弊端，有效地维护了生物与生态过程。代表不同生物学习性、适应不同栖息地类型的单一焦点物种安全格局的叠加结果可视为生物保护的综合安全格局。

2）北京地区焦点物种的选择

根据前述焦点物种的选择标准，大量查阅相关资料和文献（蔡其侃，1988；王鸿媛，1994；陈卫等，2002；保护中国生物多样性网站，2005），系统归类、比较分析北京市境内有记载的不同类型物种的生物学习性、栖息地类型等，结合专家建议，得到如下结论：

（1）北京地区大型珍稀濒危兽类多处于海拔较高的山区，且少见，用大型兽类指示城市化地区栖息地不合适；类似花鼠这样的小型兽类对于城市化进程等栖息地变化的敏感性较低且缺乏详细资料，不适宜做生物过程分析。

（2）两栖类由于身体结构的特点，对于水质有着非常敏感的要求，而北京平原地区下游河流的污染，已使部分地段两栖类动物消失，或仅余大蟾蜍一种，因此两栖类动物难以全面指示某一类型栖息地。

（3）鱼类的栖息地类型较为单一，对其他物种代表性不强，且由于河流污染、河道渠化等原因，北京地区鱼类多样性丧失严重，因此鱼类不适宜作为焦点物种。

（4）北京市处于从亚热带向亚寒带的过渡区，位于多种候鸟春秋两季迁徙的通道上，有着丰富的鸟类多样性，据资料统计，北京市鸟类种类大约占全国的三分之一左右，在我国北方候鸟保护中具有重要的地位。

此外，根据现有研究，鸟类也是反映城市及周边生态环境的良好指示物种（赵洪峰等，2002；石春芳等，2005），有以下原因：

（1）气候常常决定某一地区的植被，生态学家认为，植被又是鸟类分布和多度的第一影响因子。鸟类常常作为植物群落的指示物种，进而反映栖息地及周边生态环境。

（2）演替、灾害容易引起鸟类群落的缓慢或剧烈变化。

（3）人为干扰的直接后果是生境破碎化，严重的生境破碎化常常导致生物多样性的急速丧失，甚至物种局部灭绝，鸟类的反应更为明显且易于观察。

而且从现有的研究与实践来看，受农业与人类活动影响较大的地区多选鸟类为焦点物种（Watson et al.，2001；Padoa-Schioppa et al.，2006；Freudenberger et al.，2004），因此本研究对象更多偏向此类型。

综上分析并遵循前述选取焦点物种的原则，可以认为将鸟类作为北京市区域生物安全格局的焦点物种最为合适，通过对北京市域内鸟类的生物学习性、生态特征、居留状况、栖息地类型等分析归类，最终选出大白鹭（*Egretta alba*）、绿头鸭（*Anas platyrhynchos*）、环颈雉（*Phasianus colchicus*）三种鸟类作为焦点物种，参见表 3-3-4：

所选焦点物种分析 表 3-3-4

物 种	大白鹭 Large Egret （*Egretta alba*）	绿头鸭 Mallard （*Anas platyrhynchos*）	环颈雉 Common Pheasant （*Phasianus colchicus*）
类别、居留状况	涉禽，夏候鸟	游禽，旅鸟	陆禽，留鸟
北京市分布	主要分布于北京市平原区	主要分布于北京市平原区	分布于北京市低山带、中山带、高山带和山顶带
栖息地特征及类型	芦苇丛、沼泽、溪流、浅滩及周边乔木林	水生植物繁盛的湖泊、河流及流域、河湾、池沼水域附近	开阔林地、灌木丛、草丛及农耕地
保护级别	市一级	市二级	—
栖息地特异性	√	√	×
对其他物种的代表性	√	√	√
详细生态学习性	√	√	√
环境变化敏感性	√	×	×

（资料来源：作者根据相关资料整理）

3）大白鹭生物保护安全格局分析

（1）大白鹭栖息地适宜性分析

大白鹭（*Egretta alba*），中型涉禽，鹳形目鹭科白鹭属动物。大白鹭在北京地区为夏候鸟，是湿地环境的重要指示生物。该种鸟类一般在早春 2 月从南方迁来，季节性地停歇于北京市的芦苇丛、沼泽等环境中，营巢于人迹罕至的树上（蔡其侃，1988）。大白鹭的栖息地类型可归为两类：营巢地和摄食地。其中，营巢地类型主要是稻田、芦苇丛、溪流、池塘和江河及水库附近的山坡或周围有单株高大的乔木或乔木林的村镇（辜永河，1996）；其摄食地主要是溪流、浅滩等浅水地带。从白鹭的摄食地距离上看，大多在距巢穴大约 7~15km 范围内取食，少数在30~50km的范围内取食，极少数的白鹭在筑巢地周围约2km范围内取食（黄勇等，1999）。由此可见，湿地与营巢地的距离是鹭类营巢地环境的关键因素之一（王博等，2005）。大白鹭与海拔高度之间的关系鲜见报道，仅有针对某些地区的研究，如安徽皇甫山白鹭主要栖息于海拔100~200m。参考相关研究以及与生物学家的交流，确定影响大白鹭选择栖息地的因子有：

A　**土地利用／覆盖类型**：白鹭属于涉禽类，最适宜的栖息地包括溪流、稻田、淡水沼泽地等浅水域，以及周边高大乔木林地。

B　**地势因子**：距水源距离及海拔高度。在划分海拔高度中，按照北京自然地理划分，分别代表平原区、低山区、中山区、较高山区，又结合北京市山地植被的垂直分带进行划分。

C　**人为活动干扰强度**：大白鹭大多数喜欢在远离人的环境中摄食、活动。人为活动干扰强度可以用距建成区距离来衡量，距建成区距离越近，人为活动对大白鹭的干扰越强；反之越弱，越适宜大白鹭的生存。

根据以上分析，为不同评价因子确定权重及分值如表3-3-5：

大白鹭栖息地适宜性分析　　表3-3-5

评价因子	分类或分级	分值（0~10）	权重
土地覆盖类型	溪流、淡水沼泽湿地	10	0.4
	水田	8	
	林地	8	
	河流、湖泊、水库	6	
	其他水面	6	
	灌丛草地	3	
	耕地	3	
	城市绿地	2	
	村镇、城郊	0	
	城市建成区	0	
距水源地距离（m）	0~2000	6	0.3
	2000~7000	8	
	7000~15000	10	
	15000~30000	5	
	30000以上	2	

续表

评价因子	分类或分级	分值（0~10）	权重
海拔高度（m）	0~100	5	0.1
	100~800	10	
	800~1500	5	
	1500 以上	1	
距建成区距离（m）	>6000	10	0.2
	4000~6000	5	
	2000~4000	3	
	0~2000	1	
	0	0	

（资料来源：作者根据相关资料整理）

根据上述分析，可以确定北京市适宜大白鹭的生境，并可以根据适宜性的高低，将其划分为高、中、低三个水平（彩图 21）。

（2）大白鹭生境阻力面分析

大白鹭的水平空间运动过程主要受土地覆盖类型的影响。由专家打分确定各种土地覆盖类型对于物种运动的阻力系数值，见表 3–3–6。

大白鹭空间运动阻力因子与阻力系数分析 表 3–3–6

阻力因子	阻力系数（1~500）
沼泽地、水域、水田	1
有林地	1
灌木林地	10
其他林地、田坎	30
草地	50
水浇地、旱地、绿地	50
园地	100
空闲地、裸地、盐碱地、沙地	400
建设用地	500

（资料来源：作者根据相关资料整理）

根据以上阻力系数，建立大白鹭空间运动的阻力面，据此判别景观安全格局其他组分，并构建针对大白鹭的生物安全格局（彩图 22）。

4）绿头鸭生物保护安全格局分析

（1）绿头鸭栖息地适宜性分析

绿头鸭（*Anas platyrhynchos*），中型游禽，雁形目鸭科鸭属动物。北京地区常见旅鸟。主要栖息在池塘、湖泊、沼泽及淹没区等浅水；在迁徙期间和冬季更主要在淡水水域和农田，较少在碱水水域，在我国西北和东北大部地区繁殖，南方越冬，数量很多（蔡其侃，1988；郑光与张词祖，2002）。由于其对环境的敏感性较低，因此常见于北京市各大公园水域内，是城市居民十分喜闻乐见的鸟类之一，可以在一定程度上反映城市化地区生态环境状况。

绿头鸭营巢条件多样化，常筑巢于湖泊、河流沿岸的杂草垛、或蒲苇滩的旱地上、或堤岸附近的穴洞、或大树的树杈间以及倒木下的凹陷处，巢用本身绒羽、干草、蒲苇的茎叶等搭成，巢址通常距离水域0.8km以内，觅食距离一般在1.6km范围内。绿头鸭通常也会利用人造池塘，但相对于较干燥的场地，绿头鸭更喜欢在淹没区觅食。在河滩地树林中，20~40cm的水深是最适宜其取食的深度，大于50cm的深度将不适于其在底部取食（Arthur，1987）。参考相关研究及与生物学家交流，确定影响绿头鸭选择栖息地的因子有：

A　**土地利用／覆盖类型**：绿头鸭属于游禽类，最适宜的栖息地包括湖泊、水库等大型水域，同时也常见于沼泽湿地或城市湿地。

B　**地势因子**：距水源距离及海拔高度。在划分海拔高度中，按照北京自然地理划分，分别代表平原区、浅山区、低山区、中山区，又结合北京市山地植被的垂直地带性分布进行划分。

C　**人为活动干扰强度**：由于绿头鸭对环境变化并非十分敏感，对人为干扰的敏感性也不强，但有一定影响，人为干扰同样用距建成区的距离来衡量，所以该因子权重较低。

根据以上分析，为不同评价因子确定权重及分值如表3-3-7：

绿头鸭栖息地适宜性分析　　表3-3-7

评价因子	分类或分级	分值（0~10）	权重
土地覆盖类型	河流、湖泊、水库	10	0.5
	淡水沼泽湿地	8	
	城市绿地	8	
	水田、鱼塘	7	
	灌木林地	5	
	有林地	4	
	园地	2	
	耕地	1	
	建成区、道路	0	

续表

评价因子	分类或分级	分值（0~10）	权重
海拔高度（m）	0~100	10	0.1
	100~800	7	
	800~1500	5	
	1500 以上	3	
距水面距离（m）	0	10	0.3
	0~800	10	
	800~1600	5	
	1600~8000	3	
	8000 以上	0	
距建成区距离（m）	>3000	10	0.1
	2000~3000	9	
	1000~2000	7	
	0~1000	5	
	0	3	

（资料来源：作者根据相关资料整理）

根据上述分析，可以确定北京市区域内适宜绿头鸭的生境，并可以根据适宜性的高低，将其划分为高、中、低三个水平（彩图 23）。

（2）绿头鸭生境阻力面分析

绿头鸭的水平空间运动过程主要受土地利用覆盖类型的影响。北京市各种土地利用类型相对于绿头鸭的阻力系数值拟定在 1~500 之间，见表 3–3–8。

绿头鸭空间运动阻力因子与阻力系数　　表 3–3–8

阻力因子	阻力系数（1~500）
水田、水域、田坎	1
林地、绿地	10
草地	20
沼泽地	30
园地	100
水浇地、旱地	200
空闲地、裸地	300
盐碱地、沙地	400
建设用地	500

（资料来源：作者根据相关资料整理）

根据以上阻力系数，对绿头鸭的空间运动最小阻力进行空间分析，判别缓冲区、源间连接以及辐射道，从而构建针对该物种的生物安全格局（彩图 24）。

5）环颈雉生物保护安全格局分析

（1）环颈雉栖息地适宜性分析

环颈雉（*Phasianus colchicus*），陆禽，鸡行目雉科雉属动物。雉类多为森林和山地鸟类，低海拔地带所进行的林业采伐、毁林开荒、兴修公路和乡镇建设等所造成的干扰，使其分布范围不断向中、高山地带退缩。现存的栖息地如同一些孤岛，对雉类种群的生存和遗传多样性造成严重威胁（郑光美，2004）。

环颈雉在北京地区为留鸟，主要栖息于中、低山丘陵的灌丛、竹丛或草丛中。以植物的嫩叶、嫩芽、草茎、果实和种子为食，也吃昆虫和小型无脊椎动物，常出没于农田取食（李方满，1997）。营巢于灌丛、芦苇丛或草丛中的地面上稍微凹陷处。其善走而不能久飞，夏季繁殖期，可上迁高山坡处，冬季迁至山脚草原及田野间。环颈雉适应性广，抗寒，耐粗生活环境，从平原到山区，从河流到峡谷，栖息在海拔300~3000m 的陆地各种生态环境中，因此，海拔不是影响的主要原因，坡度对它的分布有一定影响，其最适宜在有一定坡度（15° 左右）的地形上栖息和筑巢（倪喜军等，2001）。参考相关研究及与生物学家交流，确定影响环颈雉选择栖息地的因子有：

A　**土地利用／覆盖类型**：环颈雉属于陆禽类，最适宜栖息于灌丛等有遮挡的陆地环境。

B　**地形因子**：主要是坡度因子的影响。

C　**人为活动干扰强度**：环颈雉生性胆小，虽有时出现于村庄或农田附近取食，但人为干扰会对其产生较大影响。该因子同样可以用距建成区距离来衡量，距建成区距离越近，人为活动对其干扰越强；反之越弱，越适宜环颈雉的生存。

根据以上分析，为不同评价因子确定权重及分值如表 3-3-9：

环颈雉栖息地适宜性分析　　表 3-3-9

评价因子	分类或分级	分值（0~10）	权重
土地利用覆盖类型	灌木林地	10	0.5
	草地	10	
	有林地	7	
	耕地	5	
	园地	5	
	城市绿地	2	
	水田、沼泽湿地	1	
	河流、湖泊、水库	0	
	建成区、道路	0	

续表

评价因子	分类或分级	分值（0~10）	权重
坡度（°）	0~5	6	0.3
	5~15	10	
	15~30	7	
	30~60	3	
	60 以上	1	
距建成区距离（m）	>6000	10	0.2
	4000~6000	8	
	2000~4000	6	
	0~2000	2	
	0	0	

（资料来源：作者根据相关资料整理）

根据上述分析，可以明确出北京市区域内适宜环颈雉类生活的生境类型和分布，并可以根据适宜性的高低，将其划分为高、中、低三个水平（彩图 25）。

（2）环颈雉生境阻力面分析

环颈雉类的水平空间运动过程主要受土地利用覆盖类型的影响。北京市各种土地利用类型相对于环颈雉类的阻力系数值拟定在 1~500 之间，具体见表 3–3–10。

环颈雉空间运动阻力因子与阻力系数分析　　表 3–3–10

阻力因子	阻力系数（1~500）
草地、灌木林地、田坎	1
有林地、其他林地	20
园地	30
水浇地、旱地、绿地	50
空闲地、裸地	100
盐碱地、沼泽地、沙地	300
水田	400
水域	500
建设用地	500

（资料来源：作者根据相关资料整理）

根据以上阻力系数，对环颈雉的空间运动最小阻力进行空间分析，判别缓冲区、源间连接以及辐射道，从而构建针对该类物种的生物安全格局（彩图26）。

3.3.3　生物保护安全格局及规划导则

1）综合生物安全格局

可以认为三个焦点物种所指示的栖息地类型受到同等威胁，因此在综合生物保护安全格局的构建中同等重要而具有相同权重。将三个单一物种安全格局进行叠加，通过析取运算（∨）取最大值，得到综合安全格局阻力面。根据该阻力面和对辐射道等要素的分析结果，遵循保护生物学的基本原则，如保证各源之间至少有一条廊道连接、避免出现飞地式斑块、在生态敏感区域增大缓冲区、在重要廊道交叉点引入斑块等，进行人工判别和规划，最终确立北京市生物保护的综合景观安全格局（彩图27）。根据对核心栖息地和物种空间运动的保护程度，将该格局分为低、中、高三种安全水平：低安全水平是生物安全保护的最基本范围，而相应地，高水平安全格局是维护区域生物过程的理想景观格局。各种安全水平的面积、比例和范围如表3-3-11所示。

不同水平的生物保护安全格局　　表3-3-11

生物安全格局等级	面积（km^2）	比例（%）	范围
低	6569.04	41.3	北部和西部山区大型林地斑块、人工库塘、河流、湖泊湿地、城市大型绿地斑块内水域，以及周边800m范围内的林地
中	9946.15	60.9	低安全格局周边（一般在2km范围内）自然生态良好，能为至少一部分物种提供栖息地或迁徙廊道的林地、草地、河湖湿地、农田及生态交错带等
高	10911.99	66.8	低安全格局周边（一般在10km范围内）自然生态较好的林地、草地、河湖湿地、农田及生态交错带等

（资料来源：作者根据相关资料整理）

本规划选取具有明确生态学意义的景观格局指数，对规划前后（以低安全格局为例）的景观格局进行定量分析（表3-3-12）。结果显示：除斑块结合度外，其他指数的变化率都远远高于格局总面积的增长率。总体上，生物保护安全格局的破碎化程度降低，景观格局得到了较大幅度地优化和改善。这也在一定程度上反映出了该格局在生物保护方面所具有的高效性（胡望舒等，2010）。

规划前后主要景观格局指数　　表 3-3-12

景观格局指数	总面积（hm²）	斑块数量（个）	斑块密度（个/10²hm²）	最大斑块指数（%）	平均块面积（hm²）	平均邻近距离（m）	斑块结合度（%）	分割度
规划前	668005	2055	0.31	65.53	325.06	186.20	99.95	0.53
规划后	674858	1120	0.17	95.28	602.55	159.18	99.99	0.09
变化率	1.03%	-45.50%	-46.03%	45.40%	85.36%	-14.51%	0.04%	-82.71%

（资料来源：作者计算整理）

2）规划导则

针对安全格局组分：核心源区、缓冲区、迁徙廊道和战略点，以及不同水平的安全格局，制定生物保护安全格局的规划导则，从而为景观格局和土地利用优化提供指导。具体规划导则如下（表 3-3-13）：

三种安全水平的综合生物安全格局及规划导则　　表 3-3-13

安全水平	现状描述	规划导则	保护范围
低安全水平	以地域性次生植被为主，主要是北部和西部山区林地、河流湿地，以及少量农用地。生物多样性较高；人工活动干扰较少	◆ 以地带性植被为目标，改善植被群落组分结构，选择乡土物种进行生态恢复与保育； ◆ 从核心栖息地构建与外围的连接廊道； ◆ 保护其自然状态，禁止开发建设，以及机动道路和大型设施的修建； ◆ 设置野生动物观测站和营救设施	源及外围 100m 左右的区域
中安全水平	以半人工植被为主，包括灌草丛、经济林等；主要包括紧邻核心栖息地的农用地和城市绿地，存在一定程度的人工干扰	◆ 改善植被群落组分结构，在关键部位引入或恢复乡土植被斑块； ◆ 加宽景观元素间的连接廊道； ◆ 人工建设避开生态敏感区	低安全区外围 100~500m 范围内，最多处可达 5000m
高安全水平	以人工、半人工植被为主，包括城市绿地、园地和耕地；人类干扰较多，包含一部分农村居民点和道路用地	◆ 调整土地利用格局，增加地带性植被比例； ◆ 在关键部位引入或恢复乡土植被斑块； ◆ 建设防护林体系，构建生物廊道系统； ◆ 道路建设中注意建设野生动物安全设施，如关键地点设野生动物穿越设施、部分或全部安装防护栏；路边种植不可食的植物，引导动物走指定的交叉点； ◆ 人工建设避开生态敏感区	中安全区外围 500~1000m 范围

（资料来源：作者计算整理）

（1）建立的栖息地核心保护区，明确严格保护范围

A　**湿地**：河流湿地、水库湿地、湖泊湿地、人工引水渠、鱼塘以及水田等，构成了北京独特的湿地生态景观，是多种生物的栖息地，应该严格加以保护。如

永定河、白河、潮河、潮白河、汤河、拒马河、北运河、安达木河、温榆河等，应严格控制城市化和围垦侵占，同时发展水源涵养林，保护水源地，恢复原有河湖湿地和滨水植被生态系统。

B　**林地**：北京市北部和西部山区，如北部的云蒙山、黑陀山、燕羽山，西部的东灵山、百花山等地区，植被覆盖较好，是多种珍贵动植物的主要分布地。对于这些面积广阔、植被覆盖度高、景观连接度高、生物多样性较为丰富的区域，应严格禁止毁林、开山采石等人类活动，并尽可能缓解旅游开发、基础设施建设、农业生产对生物栖息地的干扰。

C　**城市大型绿地**：北京城区内有为数众多的城市公园，它们是构成生物保护网络的重要斑块和节点。一些大型公园，如颐和园、圆明园、北海公园、天坛公园等，以及香山公园、北京植物园及郊野公园等，植被情况良好。可通过引进地带性植被、构建乔灌草群落、改造微地形等生态设计手法，创造生物多样性较高的城市绿地。

（2）建立生物栖息地缓冲区，减少人为活动对核心区的干扰

广阔的低山丘陵地带以及农田景观基质，是生物保护缓冲区的主要组成部分。

A　保护缓冲区内对生物过程具有战略意义的河流、湿地、防护林网、农田和荒地，避免城市建设的过度侵占；

B　在破碎化景观中，可以作为跳板的栖息地斑块，应严格加以保护，城市建设和人为活动应避开这些位置；

C　加宽景观元素间的连接廊道，改善植被群落组分结构。

（3）构建生物廊道，增强景观连通性

对于破碎化景观，进行景观重建的关键途径是在景观碎片之间建立廊道，增加景观的连通性，提供更多的栖息地。

A　根据生物安全格局的阻力面，选择最适宜建立廊道的位置，创造最有效的景观连接；

B　建立核心栖息地之间的生态廊道，河流、防护林带是建立生物廊道的较佳选择。在建设廊道时，可参考河流廊道、防护林带有关结构与宽度的要求，将生物保护功能与它们相结合，使之成为具有生物保护、防风固沙、休闲游憩等多种功能的绿道；

C　廊道植物尽量采用乡土植物和地带性植被，进行生态恢复，采用最少干扰的景观设计手法。

（4）关注景观战略点，完善景观安全格局

根据生物安全格局的阻力面分析，判别出景观格局的战略点，它们对于高效地完善生物安全格局具有重要意义。这些战略点根据其空间位置，可以分为：鞍

部景观战略点，交汇处的景观战略点，中央、边缘及角落战略点。

A 鞍部、中央、边缘及角落战略点景观战略点：在距离较远的斑块之间，或高阻力区域，通过填充空隙来增加景观连通性，建立林地或湿地等栖息地"跳板"，完善整体景观格局。

B 廊道交汇处的景观战略点：廊道交汇处是生物流的关键性部位，在这些部位引入或恢复乡土景观斑块，可有效提高景观连接度。如在河流廊道交汇点、废弃地以及廊道断裂处的生态重建。

C 城市建设如果与生物廊道相矛盾，如果对生物过程是不可替代的，应以保持生物和自然过程连续性为原则。如北京五环、六环的兴建极大促进了社会经济的发展，但是在某些部位却隔断了核心栖息地之间的联系，并且是战略性的不可替代位置，在此应极力避免人工建设的影响，或建设相应生物防护措施，如动物天桥和地下通道等设施。

D 高等级公路建设或改造前，应预留野生动物通道。

3.4 文化遗产安全格局

北京市是世界著名古都和国家级历史文化名城，在漫漫历史长河中形成了丰富的文化遗产，然而这些文化遗产正承受着城市发展和旅游开发的巨大压力，其原真性和完整性面临着巨大威胁（尹钧科，2001）。此外，悠久的历史也孕育了像京杭大运河、御路、士人游览路线等数量众多的线性文化遗产。这些线性文化遗产体现了人文与自然景观的整体性与延续性，反映了各个历史时期的社会、经济、文化的交流与发展，具有重要的历史文化价值，但这些线性文化遗产尚未纳入法定文物保护体系，保护前景堪忧。例如，北京市近年来启动了温榆河绿色生态走廊、北运河流域水系综合治理等重大项目，但在实际工程建设中，往往只重视水系治理、旅游开发和产业发展，忽视了其作为文化遗产和开放空间的功能与价值。如何提高文化遗产的保护水平，协调遗产保护与经济发展、旅游开发之间的矛盾，是北京市面临的现实问题。

遗产廊道（Heritage Corridor）是近年来在国际上产生重要影响的地区发展战略与规划方法。遗产廊道在本质上是一种线性的文化景观，可以是具有文化意义的运河、道路以及铁路线等，也可以指通过适当的景观整理措施，联系单个的遗产点而形成具有一定文化意义的绿色通道。作为绿道（Greenway）和遗产区域（Heritage Area）相结合的产物，遗产廊道不仅能够高效地保护历史文化资源和线性遗产，而且具有休闲旅游、生态保护和促进地方经济发展等多种功能，为区域发展和遗产保护提供了崭新的视角、战略和途径（Searns，1995；Diamant，1991；

With，1999；Cameron，1993；王志芳，孙鹏，2001；王肖宇，陈伯超，2007）。

因此，借鉴遗产廊道理念，整合零散孤立的文化和自然景观资源，建立集生态和文化保护、休闲游憩、审美启智、旅游发展等多方面功能于一体的区域遗产廊道网络，构建文化遗产安全格局，对于北京市历史文化名城建设和实现宜居城市目标具有重要意义（王思思等，2010）。

3.4.1　文化遗产现状

1）文物保护单位

北京是举世闻名的历史文化名城。自周口店“北京人”燃起古人类文明的火炬，3000多年前燕、蓟古城的兴建，直至辽、金、元、明、清五代在此建都，人类文明之火经久不衰，一脉相承。北京在各历史阶段都留下了丰富多彩的文物古迹和文化遗存，北京市的文物等级、规模均居全国之首，在世界历史文化名城中也首屈一指。据北京市文物局统计资料，自1961年国务院公布第一批国家文物名单以来，截至2006年，北京市共有各级文物保护单位近900处，其中国家级文物保护单位98处。特别值得一提的是，北京有6项文化遗产被列入联合国世界自然和人类文化遗产名录，分别是故宫、周口店猿人遗址、长城、颐和园、天坛、明十三陵，约占中国世界遗产总数的四分之一，足以证明北京市文化遗产的独特价值和地位。

本研究对北京市已登记的国家级、市级和区级文物保护单位、历史文化街区和古村落作为文化遗产，将它们的位置、年代、保护等级、历史价值等相关信息输入地理信息系统数据库，落实在空间上（彩图28、彩图30）。

A　历史建筑

历史建筑主要包括城市建筑、宫殿建筑、衙署建筑、园林建筑、宗教建筑、馆堂建筑、坛庙建筑、书院建筑、纪念建筑等。截至2006年，北京市拥有全国与市级历史建筑类文物保护单位193处。

B　历史街区和古村落

历史街区和古村落是文化遗产的重要组成部分。历史街区主要分布在旧城范围内，旧城外的西郊清代皇家园林、丰台区卢沟桥宛平城、石景山区模式口等处也被市政府列为历史文化保护区。古村落广泛分布于北京的平原和山区，数量多、分布散、保护难度大。其中位于门头沟、昌平、延庆、怀柔和密云区内，沿西山—军都山与平原交界处的古村落保存较为完整和集中，具有较高的历史文化价值。

C　古遗址和古陵墓

古遗址包括城堡废墟、宫殿址、村址、居址、寺庙址，还包括当时一些经济性建筑遗存，如采石场（坑）、窑穴、窑址、贝丘等。北京地区发现了早中晚三期旧石器古人类文化遗址，如属于旧石器早期的周口店北京猿人遗址，距今约 60 万年左右；属于旧石器中期的新洞人文化遗址，距今约 10 万年左右；属于旧石器晚期的周口店山顶洞人文化遗址及东胡林人遗址，分别距今 1.8 万至 1 万年。除了旧石器文化遗址，北京地区发现的新石器文化遗址也有几十处以上。除此之外，商周到秦汉时期文化遗址也十分丰富。截至 2006 年，全国重点文物保护单位与北京市级重点文物保护单位中的古遗址和古陵墓类 133 项（彩图 29、图 3-4-1~ 图 3-4-3）。

图 3-4-1　周口店北京猿人遗址（房山周口店，俞孔坚摄，2006）

图 3-4-2　房山金陵遗址（俞孔坚摄，2006）

图 3-4-3 十字寺遗址和景教碑：中国仅有的同时具有遗址又有碑刻的景教遗迹（房山周口店，俞孔坚摄，2006）

2）线性文化遗产

在我国，由于线性文化遗产尚未纳入法定遗产保护体系，因此需要根据线性遗产的概念和判别标准，对北京市的线性文化遗产进行梳理。根据文献综述的结果可知，在判别线性遗产时首先考虑其线性分布；其次，应遵循以下标准：A 历史重要性：指廊道内应具有塑造地方、州县或国家历史的事件和要素。B 建筑或工程上的重要性：指的是廊道内的建筑具有形式、结构、演化上的独特性，或是特殊的工程运用措施。在这一点上还要考虑建筑的地方特色和本地独有性。C 自然对文化资源的重要性：评价廊道内的自然重要性要了解自然景观的意义、自然演变历史、场地演变历史及决定区域独特性的自然要素。D 经济重要性：对廊道的保护应能增加地方的税收、促进旅游业和经济发展（Diamant，1991）。

根据上述遗产廊道的定义和判别标准，通过文献研究（北京市规划委员会，2007；吴承忠，2004）和专家咨询，结合北京市的实际情况，确定北京市线性文化遗产廊道的主要类型（表 3-4-1），包括河湖水系、文化线路和军事工程，并将它们逐一落实在空间上（彩图 30）。

北京市线性文化遗产类型表　　表 3-4-1

类型	内　容
河湖水系	护城河水系：北护城河、南护城河、北土城沟和筒子河等。 水源河道：京密引水渠（原白浮引水渠），莲花河和长河，以及莲花池和玉渊潭等。 漕运河道：通惠河、坝河和北运河等。 防洪河道：永定河和南旱河等。 风景园林水域：六海、昆明湖、圆明园水系等
文化线路	御路： ◆ 明代御路：至皇陵；至居庸关；至南苑；南下；至南京等线路。 ◆ 清代御路：至清东陵、清西陵；至承德避暑山庄；至西郊园林区；至昌平县小汤山；至丫鬟山等线路 市民游览路线： ◆ 明清士人：游览小西山；游潭柘寺、戒台寺等；游上方山、云居寺；游览满井；游览韦公寺、大南顶；观丰台芍药游览线；泛舟通惠河路线等线路。 ◆ 法式善：游长河诸寺；游青龙桥；游小西山；游西南潭柘寺、戒台寺、翠微山；游悯忠寺、陶然亭；游昌平等线路
军事工程	长城

（资料来源：作者根据相关资料整理）

历史上，北京城的发展始终与河湖水系的变迁、治理息息相关。商周时期，北京城（时称幽州、蓟城）就在永定河的渡口之畔建城；曹魏时期，蓟城修建了车厢渠引水灌溉；辽金时期开凿了金口河；元大都城的设计、规划和建设也是围绕着水源这个中心议题展开的；明清时期进一步发展漕运，对永定河开展了大规模治理，并利用海淀一带的泉水、湖泊营造皇家园林。总之，这些具有历史文化价值的河湖水系，反映了北京城市建设历史和古人与自然不断抗争和适应的过程。在快速城市化和城市景观风貌趋同的背景下，保护这些历史河湖水系，对弘扬古都风貌、改善生态环境、提供游憩空间具有十分重要的作用。目前除少部分河流、湖泊被填埋以外，绝大部分水系的基本形态和结构得以保留。大部分河道已没有运输、军事防御等方面的功能，多为城市景观水系或承担了一部分水源供给、防洪蓄涝和旅游的功能，水工设施也大多丧失了原有功能。经过长时间的人类改造，这些河湖水系的历史风貌受到不同程度的破坏，河道处于人工化状态或退化自然状态，同时可达性较差，亟需进一步对其历史文化价值、资源现状进行调查研究，并进行生态治理、重塑历史风貌（图 3-4-4a、图 3-4-4b）。

北京的对外交通自古以来就很发达，由此形成了众多的交通线路，如秦始皇时期的驰道、隋炀帝“御道”、宋辽金使臣往来之路、元大都与上都建往来道路、明清御路和市民游憩路线等。它们连接了沿途丰富的历史文化和自然景观资源，承载、展示了内涵丰富的历史事件、文化风俗和自然景观，是体验城市历史文化的重要路线。由于城市建设的飞速发展，历史文化线路中除一部分水上交通路线外，其余全部被改造或发展成为现代城市道路，作为实物的遗迹已基本全无。因此可以认为，文化线路本身的保护价值不大。但因为它们承载了一定的历史文化信息、在空间上联系了重要的景观资源或为遗产廊道提供了必要的游道，所以分析它们的形成过程和空间分布，可为遗产廊道的分析和规划提供重要参考（图 3-4-4c~ 图 3-4-4e）。

图 3-4-4a　运河遗产廊道的丧失：丑陋的水利工程使通惠河面目全非（通州，俞孔坚摄，2004）

图 3-4-4b　京密引水渠及其杨树林带构成的绿色遗产廊道（海淀，俞孔坚摄，2010）

图 3-4-4c 琉璃河石桥（明代）：北京古代南北交通的重要交通廊道的关键之一（房山，俞孔坚摄，2004）

图3-4-4d 消失中的永定河水文化遗产：永定河金门闸（清康熙）（房山，俞孔坚摄，2004）

图3-4-4e 妙峰山古香道（海淀，刘玉杰摄，2003）

长城是世界上最宏伟的军事防御工程之一，作为世界文化遗产，它忠实地记录了北京地区古代军事、政治、经济、社会、时空环境等的演变发展，具有极为重要的历史、文化、科学和旅游价值。北京境内的长城全长约629km，横跨北郊山区，呈半圆形分布，大体保存完好，连续完整。因此，长城也是北京市遗产廊道的重要组成部分（王思思等，2010）。

3.4.2　遗产廊道适宜性分析

1）遗产廊道研究进展

遗产廊道是发端于美国、近年来在国际上蓬勃发展的一种遗产保护战略和方法。作为绿道和遗产区域相结合的产物，遗产廊道首先是一种线性的文化景观，可以是具有文化意义的运河、道路以及铁路线等，也可以指通过适当的景观整理措施，联系单个的遗产点而形成具有一定文化意义的绿道。遗产廊道具备下述基本特征（Searns，1995；Diamant，1991；With，1999；Cameron，1993；王志芳，孙鹏，2001；王肖宇，陈伯超，2007）：

（1）资源保护的高效性：重要的历史文化、生态和游憩资源在空间上的分布不是随机的，而是集中在某些廊道内。作为一种土地利用战略，遗产廊道可以以较小的土地面积，保护较多的历史文化和生态资源。

（2）空间的连接性：作为一种线性文化景观，对维护物质、能量和物种的流动过程起到了重要作用，在整体景观格局中发挥了廊道的功能。

（3）功能的兼容性：通常包括遗产保护、游憩休闲、生态保护和经济发展等多种功能，其中遗产保护和历史文化内涵居于首位。通过有效的规划设计，遗产廊道的多种功能可以兼容。

国际上，美国首先在这一领域展开实践和研究，如伊利诺伊和密歇根运河国家遗产廊道、黑石河峡谷国家遗产廊道、德拉瓦和里海国家遗产廊道。截至2001年，美国国会已经指定和认可了23个类似的项目，形成了包括遗产廊道的判别、规划、管理在内的较为系统和完善的认定程序及法律保障体系（王肖宇，陈伯超，2007）。

我国相关研究起始于20世纪90年代，早期以介绍国外研究和实践成果为主（王志芳，孙鹏，2001；王肖宇，陈伯超，2007；周年兴等，2006），近年来在遗产廊道的价值、构建方法及旅游开发等方面展开了较为深入的探讨，并从国土到区域、城市的不同尺度上开展遗产廊道规划和建设的案例研究，如国家层面的线性遗产网络研究（俞孔坚等，2009c），区域层面的京杭大运河、丝绸之路、藏彝走廊、剑门蜀道、三峡、京沈清等遗产廊道的研究（俞孔坚等，2004，

2007a；李伟等，2004；郑媛，2006；俞孔坚等，2007a；吴其付，2007；王肖宇等，2007），以及城市层面遗产廊道的研究，如北京、台州、南京、桂林等市的遗产廊道（袁牧，1993；俞孔坚等，2005d，2008a，2008b；信丽平和姚亦锋，2007；乔大山等，2007）。

当前，由于遗产廊道在保护区域及城市文化遗产、提供户外休闲开放空间、促进旅游业发展等方面具有重要作用，其价值已为国家决策层面所认识。如第三次全国文物普查已将“线形遗址和遗迹”以及“文化线路”作为重点调查的新文化遗产品类；国家旅游局也于2009年3月正式提出了建设国家旅游线路的初步方案（王思思等，2010）。

2）遗产廊道适宜性分析方法

作为一种保护思想和规划战略，遗产廊道需要落实到空间上，这就涉及到适宜性分析的问题。适宜性分析是景观规划的重要内容之一。伊恩·麦克哈格（Ian McHarg）于20世纪60年代提出了适宜性分析的“千层饼”模式，此后许多学者又都进一步推进了适宜性分析的相关研究（Steinitz et al.，1976；Steiner，1983；Banai-Kashani，1989；Searns，1995）。在遗产廊道的案例研究中，Miller等人结合美国普里斯科特河谷镇（Town of Prescott Valley）案例阐述了基于GIS的适宜性方法（Miller et al.，1998）；Ribeiro以里斯本市为例，在文化地理、景观保护和环境变迁研究的基础上，全面评价了城市——区域的景观特色资源，并以此为基础建立了遗产廊道网络（Ribeiro，1998）。

然而，这种“千层饼”模式已不能适应当前遗产廊道研究的需要，因为它过于强调对遗产本身的保护，而从本质上忽略了以人作为主体的遗产休闲体验活动。将遗产资源保护与遗产体验休闲过程相结合，已成为遗产廊道研究的重要发展方向。有不少学者开始探讨相关的分析方法，如俞孔坚等人运用最小累积阻力模型（Minimum Cumulative Resistance Model）（Knaapen et al.，1992），对遗产廊道的适宜性展开了分析（俞孔坚等，2005d）。

基于上述认识，本研究认为北京市域尺度上文化遗产保护的核心不是对于单体文物的保护，而是主体（体验者）沿一定的路径和场所，对文化遗产体验和感知的过程。这种过程可以被理解为一种在空间上水平运动的过程，可以用不同景观要素对遗产休闲活动对构成的阻力来模拟。阻力越大，则该活动越不适宜开展，适宜性也就越低；相反，阻力最小的地区适宜性也就越高，也就意味着最适宜建立遗产廊道。按照这种思路，形成了北京市遗产廊道的构建方法（王思思等，2010）。

（1）文化遗产的判别及其空间结构分析：

遗产实物是遗产廊道的主要构成要素，也是遗产休闲过程的“源”，包括已登录的各级文物保护单位和尚未纳入文物保护体系的线性文化遗产。在本文中，线性文化遗产是判别、分析的重点。通过历史地图、文献研究以及专家咨询的方法，对北京市线性文化遗产的类型、价值和遗存现状进行系统梳理和评价。在此基础上，对北京市文化遗产的空间分布特征、空间结构进行分析，为遗产廊道的判别提供依据。

（2）遗产廊道适宜性分析

本研究采用最小阻力模型，来模拟主体（体验者）沿一定的路径和场所，对文化遗产体验和感知的过程。该模型的数学公式为：

$$MCR=f\sum_{i=1}^{i=n}(d_i\times R_i)$$

式中：MCR 代表体验者由源扩散到空间某点的最小累积阻力，R_i 是景观 i 对于遗产休闲活动的阻力，d_i 代表体验者离开源、经过景观 i 的扩散距离，f 是一个未知的单调递减函数，但反映 MCR 与变量（$d_i\times R_i$）之间的正比关系。

基于上述理论模型，本研究通过文献研究和专家打分法，确定不同景观要素对于遗产体验休闲过程（建立廊道的适宜程度）的阻力系数 R，得到一个反映遗产体验活动的时空动态和趋势的阻力表面，作为遗产廊道适宜性评价的依据。景观元素的数据主要来自于北京市 1：50000 地形图和由北京市国土资源局提供的 2007 年土地利用调查数据。

（3）北京市遗产廊道网络构建及评价

根据阻力面的空间特征来确定遗产廊道的适宜性，以及廊道的走向与连接的位置，并根据廊道本身的价值和文化遗产点的保护级别，划分出主要和次要廊道，提出相应的保护策略。最后对遗产廊道网络的遗产连接性和居民可达性进行评价。

3）北京市域文化遗产分布的空间格局

文化遗产是遗产廊道保护的核心要素，是遗产体验过程的“源”，其空间分布特征对遗产廊道的构建具有决定性作用。根据北京市实际情况，本研究主要分析文化遗产本身的空间结构特征以及它们与地形、水系等主要景观要素的空间关系。

（1）文化遗产点分布与地形的关系（表 3-4-2）

根据北京市地貌特征，分为平原地区（海拔 100m 以下）、浅山区（海拔 100~300m）和山区（海拔 300m 以上），由于中心城区集中了约四分之一的文化遗产点，遗产点的个数和密度都显著高于其他地区，所以在计算时将它从平原区中提出，单独作为一个地区。经 ArcGIS 空间统计分析可知，中心城区的文化遗产点数量最多、密度最大；浅山区（高程 100~300m）的遗产点数量最少，主要分布在门头沟、房山、海淀和昌平区，但遗产的密度明显高于山区，也高于平原地区（除中心四城区以外）；平原地区的遗产点主要分布在海淀、通州、丰台、石景山等区，遗产点的密度低于浅山区，位居第三；广大山区文化遗产的分布较为零散，以延庆和门头沟两个区所占比例较大，遗产点的密度也最小（王思思等，2010）。

文化遗产点分布与地形的关系 **表 3-4-2**

地区	面积（km^2）	文化遗产点数量（个）	文化遗产点密度（个 / km^2）
中心城区	91.88	208	2.264
浅山区	2269.06	127	0.056
平原区（除中心四城区外）	6247.82	280	0.045
山区	7765.10	186	0.024

（资料来源：作者计算整理）

（2）文化遗产点分布与水系的关系

应用 GIS 空间分析工具，计算每一个遗产点到距离最近的水系的直线距离，来反映文化遗产点与水系的空间关系（图 3-4-5）。约 35% 的文化遗产点分布在距水系 500m 范围内，约 80% 的文化遗产点分布在距水系 2000m 范围内。该统计曲线显示了文化遗产在水系边缘不同距离范围内密集程度的差异，为遗产点的空间特征识别和遗产廊道宽度的划定提供了依据（王思思等，2010）。

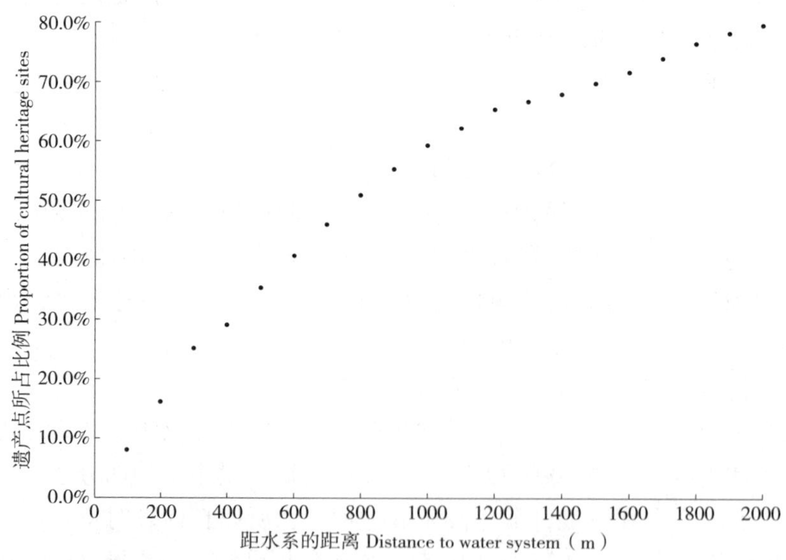

图 3-4-5 北京市文化遗产点距水系边缘距离统计图
（图片来源：作者计算绘制）

（3）线性文化遗产的空间分布特征

线性文化遗产是自然、社会和文化过程在大地上的投影，其空间分布特征正体现了这些过程相互作用的结果：自然形成的河湖水系主要受地形的影响，呈西北东南走向，而大部分人工开挖的运河、护城河受城市发展需要的影响，呈东西向分布；文化线路则受地形以及宫苑、寺庙等游憩目的地的分布的影响，呈现出了以旧城为中心、向周边发散的空间特征；长城出于军事防御的需要，主要沿北郊山区的山脊线分布，并且在“北京结”以西分成两条线路。

总体上，北京市文化遗产的空间分布具有以下几个特征：（A）遗产点的分布与地形的关系较为密切，浅山区是北京市遗产分布较为集中的地区，它既是山区和平原的生态过渡带，也是风景名胜区、森林公园的主要分布区，因此在遗产廊道的分析、规划和管理中应给予重点关注；（B）遗产点的分布与水系的空间格局存在着一定的线性分布规律，水系适宜作为北京市遗产廊道构建的骨架和自然基底。公众在遗产游憩过程中可以亲身接触河流湿地，从而提高公众对水系的认识和关注，实现文化遗产与水系保护的双赢；（C）线性文化遗产本身就具有显著而独特的空间分布特征，在遗产廊道网络的规划时应重点保护这一具有重要历史文化内涵的空间格局（王思思等，2010）。

4）北京市遗产廊道适宜性分析

上述分析明确了遗产体验过程的“源”。接下来对不同景观要素对于遗产体验和休闲过程的适宜性（即阻力值）进行评价。

在本研究中，各种景观要素的阻力值主要是通过文献研究和专家打分来确定。首先，基于前述分析可知：文化线路反映了某一时期的政治、经济、文化活动或事件，并同时有线形特征，联系着众多历史文化和自然景观资源，适宜作为遗产廊道分析的重要参考，因此阻力值最低（赋值为“1”）。绿色廊道是遗产廊道的生态基底和基本构成要素，经过分析发现，北京市遗产点的分布与水系的分布存在一定线形关系，水系作为北京市最重要的绿色廊道系统，适合作为遗产廊道的基本组成部分，因此在赋值中，水系及其滨水区的阻力值为“1”。此外，游憩道也是遗产廊道的构成要素之一，而国内外相关研究认为具有较高游憩价值的山路、田间小路和一些低等级道路，较适宜作为遗产廊道的游憩道(Turner,2006),因此它们的阻力值也较低。那些并不具备遗产保护价值，但与遗产体验和休闲活动具有兼容性的景观元素，如城市绿地、林地、园地、草地、耕地，其阻力值居中。而其他城市建成区，特别是高速公路和铁路，对遗产体验和休闲活动具有较低的兼容性，对人的穿越也造成一定阻碍，不适宜作为遗产廊道的构成要素，因此阻力值最高。在此基础上，对各元素进行排队比较，并经过多个专业人员判断打分，最终统计形成赋值（见表 3-4-3）（王思思等，2010）。

遗产休闲活动的阻力因子与阻力系数　　表 3-4-3

阻力因子	阻力系数（1~50）
潜在遗产廊道	1
水系及滨水区	1
山路、田间小路	2
县乡道	3
主要街道、次要街道	4
城市绿地	5
草地	10
田坎	10
园地	15
林地	15
耕地	15
建成区	20
省道、国道	20
高速公路、铁路	50

（资料来源：作者根据相关资料整理）

基于不同景观要素和土地覆盖类型对于文化遗产体验过程的阻力分布，运用最小累积阻力模型，计算空间上不同地点到达最近的“源”的费用阻力（Cost Distance），即得到了遗产体验水平空间过程的适宜性分析结果。在得到计算结果后，结合直方图判读，进一步划分高、中、低三个水平的适宜性区域（彩图 31）。

从适宜性结果的空间分布上看，在永定河以东、北运河以西的平原和浅山地区，由于河湖水系分布相对集中、连续，中心城区的遗产点分布较为密集，且水系周边景观覆盖类型较适宜开展遗产休闲活动，因此总体上遗产廊道的适宜性较高。在北部山区，沿长城一线适宜性较高，但由于长城地势险峻，其周边的遗产点分布较为零散，且交通可达性差，因此总体上适宜性略低。房山、门头沟、昌平和怀柔的山区，以及顺义平原和大兴、通州的南部，遗产点较少，同时缺乏连接遗产的线性景观要素，所以适宜性较低。

3.4.3　文化遗产安全格局及规划导则

1）文化遗产安全格局

在遗产廊道适宜性分析的基础上，以廊道的连续性、完整性和连接性为原则，经过人工判别，确定了北京市文化遗产安全格局，即北京市文化遗产廊道网络概念规划图（彩图 32）。根据廊道本身的价值、周边文化遗产点的保护级别及其与周边遗产点的空间分布关系，划定了两个级别的遗产廊道。

（1）主要遗产廊道

主要遗产廊道是以历史河湖水系、长城、文化线路等线性文化遗产为依托，连接重要遗产点或片区（包括全部世界遗产和国家级文保单位，以及国家级、市级风景名胜区）的区域型遗产廊道，总长度约 1260 公里。主要线路包括：东部平原地区的“以京杭大运河为主线、包括温榆河、通惠河、坝河、凉水河等支线的遗产廊道”，北部山区的“长城遗产廊道”，西北部平原地区的“长河－南旱河－西山－京密引水渠遗产廊道”，西部山区和平原地区的“永定河遗产廊道”，西南部浅山区的“潭柘寺－戒台寺－云居寺－十渡－周口店－琉璃河遗产廊道”，以及环绕北京小平原的“浅山区遗产廊道”。

这部分廊道以保护文化遗产和自然水系、塑造历史文化特色和推动旅游业发展为目标，并为市民提供长距离休闲活动的路径和场所。在尊重遗产原真性和完整性的基础上，保护和恢复自然山水格局，完善游憩道和解说系统，发展户外游憩。当前，北京市正在开展北运河流域水系综合治理、永定河绿色生态走廊建设和长城整体保护工程，可充分利用这些重大项目的契机，初步构建起北京市遗产廊道网络的骨架（王思思等，2010）。

（2）次要遗产廊道

次要遗产廊道是以自然水系和历史形成的乡道为依托，连接其他遗产点、乡土景观和居民点的遗产廊道。它是对主要遗产廊道的有益补充，对北京市遗产廊道网络的形成和完善具有积极作用。同时，这部分遗产廊道也承担作为市民日常休闲活动路径和场所的功能。这个层次的遗产保护可以适度引入游憩项目，加强绿化，发展户外游憩，在严格控制的地段内，允许适度开发和利用；在土地使用类型等方面有所限制，即限制发展不利于遗产廊道保护与开发利用的土地利用。

根据遗产廊道的主要功能，选择遗产连接性和居民可达性对该遗产廊道网络进行评价。在遗产点连接性方面，分布在遗产廊道 500m 范围内（适宜步行距离）的遗产点有 575 个，占全部遗产点（除旧城外）的 96.96%；此外，它也连接了北京市全部的风景名胜区。在居民可达性方面，通过规划遗产廊道与现有居住用地的叠加分析可知：在遗产廊道 500m 范围内的居住用地达 259.45km^2，占全市总居住用地的28.29%。从上述分析中可以看出，该遗产廊道网络以较短的连接线路，最大限度地连接了遗产点，维护了遗产休闲过程的完整性和连续性，能使城市居民方便地到达，因此在遗产资源和遗产体验过程保护方面具有高效性（王思思等，2010）。

2）规划导则

在上述分析的基础上，对文化遗产廊道涉及的文化遗产、乡土景观、自然景观和游憩资源进行保护、整合和特色的强化，对廊道涉及区段进行必要的景观整理，提升廊道的游憩价值。在此基本原则下，制定具体导则：

（1）遗产廊道范围

在利用GIS进行遗产廊道适宜性评价的基础上，在三个层次上划定遗产廊道所在范围：

A 第一层次为乡土文化遗产廊道的核心范围，其主要管理内容包括三个方面：遗产保护、生态保护与景观整治，应以遗产保护和绿化、生态恢复为主，严格控制建设，对已有建设区域一方面尽量进行迁并、另一方面进行景观整治，形成和烘托遗产廊道的乡土文化气氛；

B 第二层次为廊道的服务管理区，其主要管理内容是为遗产廊道的使用提供服务，适度引入游憩项目，加强绿化，发展户外游憩，在严格控制的地段内，允许适度开发和利用；

C 第三层次为廊道的一般控制区，一般控制区是遗产廊道景观的外围部分，一般控制区的规划控制，除满足城市规划的其他要求外，还应在土地使用类型等方面有所限制，即限制高噪声、高污染等与遗产廊道发展不兼容的土地利用。

（2）文化遗产保护

根据国际、国内有关文化遗产保护法规文献的要求，对文化遗产根据具体情况进行保护。

A 对于已经作为文物保护单位登记在案的文化遗产，其保护和修缮要严格遵守原真性的原则。

B 对于未列入文化遗产保护名单，但具有较高价值的乡土文化遗产，其保护和修缮应在深入研究的基础上，按照文化遗产保护、修缮的科学原则进行，尊重文化遗产本身的原真性，同时保护文化遗产的历史环境，体现完整性原则。

C 同时，由于乡土文化遗产与其所根植的社区有着不可分割的联系，保护这些乡土文化遗产还意味着对有关民俗和乡土文化背景的保护。

（3）自然山水格局保护

山水相融、自然风光与人文景观相融，是北京古都风貌中的突出特点。古蓟城的西湖（莲花池）和蓟丘，元大都的积水潭和万岁山，明清北京城的北海、中海、南海、什刹海和白塔山、景山，这些自然的或人工的山水，不仅是古蓟城和后来的元大都、明清北京城赖以形成和发展的重要地理基础，而且在塑造北京古都风貌、为市民提供户外休闲空间等方面也具有极其重要的作用（尹钧科，2001）。具体措施包括：

A　重点保护河湖水系。把历史河湖水系列为重点保护目标，划定保护范围并加以整治和恢复。禁止填河等对生态功能有负面影响的行为；禁止裁弯取直，禁止对护岸的硬化；禁止工业性污染物排放，防止生活性污染物排放，沿水体周边建设缓冲性林带和湿地，防止农业污染；同时建立滨水游憩系统，开放被私有化的滨水区域。

B　保护自然山体，禁止挖山、采石等破坏行为；对已经挖采形成破坏的区域进行生态恢复；开放被私有化的山体区域，增加山体可达性。保护廊道内部的自然林地，禁止滥砍滥伐。保护湿地资源和高产农田、经济林。

C　加强滨水、沿山的景观整治，在绿化树种的选择上要以乡土树种为主。同时注意树种的搭配，注意美学与生态并重，在形成乡土文化遗产历史环境的区域，要注意历史气氛的烘托。

（4）游道与解说系统

建立连续的滨水、沿山步行和自行车游道系统。在遗产廊道核心范围内，应保护乡土遗产体验的连续性和完整性，尽可能采取步行交通，避免机动交通对步行道系统的干扰，增加遗产廊道与机动车交叉口的安全性，增加廊道的连通性和可达性。

A　结合游道建立解说系统，增加必要的服务设施；对遗产廊道内的文化遗产、自然景观资源进行整合，强化遗产廊道景观特色。

B　根据各遗产廊道的具体情况确定其解说主题，解说系统规划和设计应具有连续性，使参观者获取足够信息；充分体现被解说对象特色，避免过度解说。

C　在服务和管理区域，在一般控制范围，鼓励建设与遗产廊道主题紧密相关的游憩设施和项目，增加的设施应基于遗产廊道的发展需要，在遗产廊道核心区域，应严格控制建设。

三种安全水平的文化遗产安全格局及规划导则　　表 3-4-4

范围	职能	宽度（m）	规划导则
遗产廊道核心范围	遗产保护、生态保护与整治	30~60	◆ 以遗产保护和绿化、生态恢复为主，严格控制建设，逐步迁出机动交通，对已有建设区域一方面尽量进行迁并、另一方面进行景观整治，形成和烘托遗产廊道的历史气氛。禁止高噪声、高污染等与遗产廊道发展不利的土地利用

续表

范围	职能	宽度（m）	规划导则
服务和管理范围	服务管理和主题性游憩发展	60~200	◆ 适度引入主题性游憩项目，加强绿化，发展户外游憩，在严格控制的地段内，允许适度开发和利用。严格限制高噪声、高污染等与遗产廊道发展不利的土地利用
一般控制范围	一般性游憩发展	200~500	◆ 限制高噪声、高污染等与遗产廊道发展不利的土地利用。以游憩发展为主要职能，鼓励建设与遗产廊道主题紧密相关的游憩设施和项目

（资料来源：作者根据相关资料整理）

3.5 游憩安全格局

北京市自然风光独特，人文景观荟萃，拥有风景名胜区、森林公园、地质公园、自然保护区、乡土文化遗产和观光农业园等户外游憩空间，游憩资源具有类型多、数量大、分布广的特征。然而，在现有的管理体制下，这些游憩资源分属不同部门管理，难以得到统一的规划与管理，导致了游憩资源空间分布不均衡、可达性差，类型和功能相对单一，游憩板块和线路之间缺乏有机联系等问题，难以满足市民日益增长的户外游憩需求（王云才和郭焕成，2000；刘家明和王润，2009）。

游憩道（Trail）是满足徒步、自行车等慢速交通方式的线性廊道，是欧美等国家满足国民户外游憩需求的一种方法（图 3-5-1a~ 图 3-5-1d）。它连接了居住

图 3-5-1a　如何使河流廊道成为步行游憩廊道（北京大学学生在实地考察，俞孔坚摄，2007）

图 3-5-1b　如何使河流廊道成为自行车游憩廊道（北京大学学生在实地考察，俞孔坚摄，2010）

图 3-5-1c　如何使农田防护林网成为自行车游憩网络（北京大学学生在实地考察，俞孔坚摄，2010）

图 3-5-1d　如何使自然湿地和林地成为游憩空间（北京大学学生在实地考察，俞孔坚摄，2010）

区、工作区与重要的游憩目的地，沿途展示了丰富的自然和人文景观，为市民提供了优美宜人的户外休闲和环境教育场所，已成为欧美等国进行户外游憩、自然资源和遗产保护规划的重要组成部分，相关的理论与实践已发展成熟。因此，国外游憩道系统的规划与管理经验，对我国城市游憩资源的整合提升以及规划管理具有重要借鉴意义（陈琳等，2010）。

本研究借鉴游憩道系统的理念，在分析北京市游憩资源现状和适宜性评价的基础上，将各种游憩资源有效地整合、连接起来，建立一个集文化遗产网络、绿地水系网络、非机动车交通网络和解说系统为一体的游憩道系统，形成北京市游憩安全格局。这一连接城乡游憩道网络具有多样化的用途，可为城市及其居民提供健身、通勤、审美、教育、文化体验、生态保护等多种功能，同时增强了现有游憩资源的可达性，满足了不同人群的出行和户外休闲需要。需要指出的是，游憩道系统具有不同的空间层次，包括宏观市域层次、中观城区层次及微观场地层次，本研究重点在市域尺度上进行研究和规划。

3.5.1 游憩资源现状

北京市的游憩资源主要包括各级风景名胜区、森林公园、地质公园、自然保护区、郊野公园和城市公园等；随着近些年乡村旅游与观光农业的发展，观光农业园、民俗村也在市民的休闲度假中扮演着越来越重要的角色。此外，北京市丰富的文化遗产和怡人的自然山水景观，也成为开展户外游憩活动与环境教育的重要场所。本节重点介绍具有明确管理边界的游憩资源（彩图 33）。

1）风景名胜区

北京市多样的自然地理条件孕育了类型丰富的风景名胜资源，有以百花山、云蒙山为代表的山岳型风景资源，以石花洞、京东大溶洞为代表的溶洞型风景资源，还有森林、湖泊、潭、瀑等多种类型的风景资源，更有以八达岭长城、十三陵为代表的名胜古迹型名胜资源。北京市现有风景名胜区 26 个，总面积约为 2200km^2，大部分分布在北京市西部、北部和东部，隶属 12 个区县，约占全市总面积的 13.4%。其中国家级风景名胜区 2 个，市级 8 个，区县级 16 个。这些风景名胜区围绕在北京的东北、西北、西南，分布在北京市 9 个区、县，形成了北京良好的生态屏障，同时对开展科研和文化教育活动、保护生物多样性、丰富首都人民的业余生活等都具有重要的作用（首都园林绿化政务网，2009）。

2）森林公园

早在20世纪80年代，北京的上方山、潮白河、松山、百花山等国有林场利用当地的森林、地质、文物等景观资源，按照“以林为主，多种经营”的方针，自发修筑简易游路，增加一些游乐、接待设施，开始了森林旅游的有益尝试。1992年，原国家林业部分别在北京和大连召开两次全国森林公园建设会议。按照原国家林业部关于大力发展森林旅游业的指示和具体部署，遵照“立足保护、适度开发、引资共建、突出特色”的方针，大力发展森林旅游业。目前，北京市建有森林公园及森林旅游区24个，其中国家级15个，市（省）级12个，区（县）级9个，总面积4.3万hm^2（首都园林绿化政务网，2009）。

3）公园

到2008年年底，北京市共有登记注册公园175处，分属市级和区县级两个等级。其中市级公园11处，包含颐和园、天坛公园、北海公园、景山公园、陶然亭公园、玉渊潭公园、紫竹院公园等，成为北京市最主要的公共开放空间；区县级公园164处（首都园林绿化政务网，2009）。

4）民俗村

北京市乡村旅游经过近20年的快速发展，已经成长为都市型现代农业的重要组成部分。相当一部分农民主动适应不断扩大的旅游市场，自发开展了民俗旅游等旅游接待活动。截至2007年年底，北京市共有12个区县的321个村开展乡村旅游接待活动，其中市级民俗旅游村154个，民俗旅游接待户10323户，其中市级民俗旅游接待户8713户，从事乡村旅游接待服务的人员约2.1万。这些民俗村多为市郊区县城关镇周边的村落，具有丰富的历史文化遗产，或者拥有各种休闲娱乐设施；或者依托于自然条件，尤其是水库、湿地、森林公园、自然保护区等，开展各种民俗文化活动（北京市农村工作委员会，2008）。

5）农业观光园

近几年来北京都市农业旅游发展极快，农业观光示范园已成为该产业的主要载体，成为北京市民重要的公共开放空间。截至2007年年底，北京共有观光农业园1302个，包括观光果园、观光农园、观光养殖园和综合性的观光度假园，分别坐落在北京市13个区县。目前，经过评定的市级观光农业示范园已经有65个，其中综合性乡村度假类园区数量为17个。如通州区的观光南瓜园和金篮子生态园，北京密云县的海香堤香草艺术庄园和张裕爱斐堡国际酒庄等，都是代表都市农业的产业方向和水平、具有创意农业特色的项目。从休闲形式看，主要有采摘、食宿、娱乐、科普和观光等 5 种形式，不仅具备传统的采摘、餐饮、农事体验等功能，还有拓展、健身、商务、教育等功能，满足了现代都市人在乡村的休闲需求（北京市农村工作委员会，2008）。

3.5.2 游憩道适宜性分析

本研究认为在区域尺度上游憩活动的核心不仅仅是对于游憩资源本身的保护，而是游览者沿一定的路径和场所的游憩体验过程。这种过程可以被理解为一种在空间上水平运动的过程，可以用不同景观要素对游憩休闲活动构成的阻力来模拟。从这个意义上，游憩安全格局是指对人在景观中的游憩体验过程的质量具有关键性意义的景观元素和空间联系。

1）*游憩道研究进展*

（1）游憩道的概念和特征

游憩道（trail）是满足徒步、自行车等慢速交通方式通行的线性廊道，是美国等国家满足国民户外游憩需求的一种方法。游憩道系统（trails system）规划往往和绿道、遗产区域规划相结合，成为保护和利用自然、人文资源的有效手段。截至 2008 年，国家游步道系统在全美 50 个州内总长超过 60000 英里（长于国家公路系统），它包括 8 条国家风景游步道（总长超过 14600 英里）和 18 条历史游步道（总长超过 32400 英里）、超过 1000 条国家休闲游步道（覆盖所有 50 个州，总长超过 11000 英里），另外还有一些连接道（NPS&BLM，2006）（陈琳等，2010）。

游憩道具有以下几方面的特征：

A　它是由慢速交通方式通行的线性廊道组成的系统网络。可以提供多样化的交通形式，以徒步、自行车、骑马等非机动车通行为主。

B　它是居民户外游憩和健康生活方式的重要载体。除了提供沿途的景观体验，游憩道还作为健身设施被广泛使用。此外，游憩道还是很好的社交场所，不同活动的使用者在这里会面与交流。

C　它是连接自然与人文的重要网络。游憩道系统连接风景、历史、自然或文化区域，展示了沿线丰富的自然与人文景观，是在对自然与人文资源保护的基础上进行合理利用的有效途径。

D　它是保护区域生态环境的重要手段。游憩道系统倡导的非机动车出行方式，比机动交通更加节能环保；另一方面，游憩道系统规划中采用了选线避开生态敏感区域以及最少设计以减少对生境的干扰，有助于保护区域生态环境。

E　它是国家与地方游憩规划与管理的重要内容。各地方政府户外游憩局是主持规划的重要部门，通常参与规划和管理的还包括土地管理局、自然资源部等其他政府部门和组织（陈琳等，2010）。

（2）游憩道构成要素

游憩道系统通常包括四个部分：通行线路、资源区域（点）、环境解说及配套设施（图 3–5–2）。

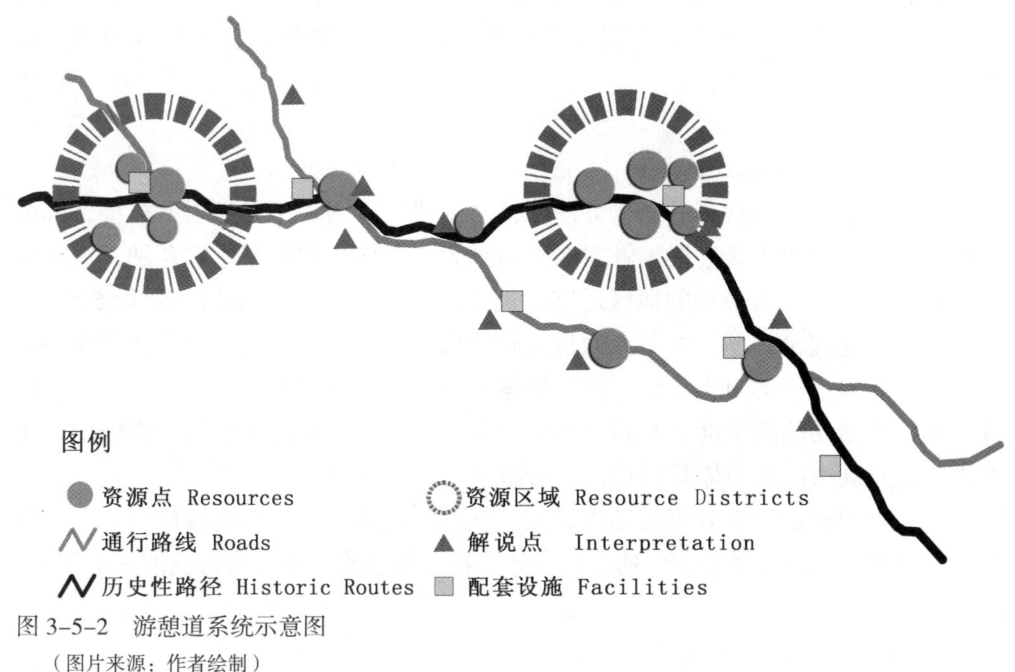

图 3–5–2　游憩道系统示意图
（图片来源：作者绘制）

通行线路是游憩道的具体路径，决定沿途的景观体验。根据不同的设计，通行方式包括徒步、自行车、骑马、划船等。每条游憩道可以是单一用途也可是多用途的，或依季节变化而改变用途。

根据起源和建成目的的不同，通行线路可分为两类：第一种类型是现在已不再发挥原有功能的历史性路径，如历史上存在的步道、铁路、公路、运河等（王志芳，孙鹏，2001）。第二种类型是连接重要自然或人文资源的游线。这也是最为常见的游线形式，串联起国家公园、国家森林、遗产区域和城市、乡村游憩道多为此类。无论是哪种类型的游憩道，都必须有很好的可达性，且具有必要的户外游憩资源，提供良好的旅行体验。根据具体路径和资源的不同，每条游憩道各有特色。

资源区域（点）是游憩道系统的重要节点，不仅包括面状的国家风景、历史、自然或文化区域，而且包括呈点状的历史文化遗产点或游憩点。这些资源区域或资源点虽然规划和管理主体与游憩道不同，但却是游憩道系统的重要组成部分。

环境解说包括解说主题及解说策略，强调游憩道的教育功能，利用沿线分布的核心历史和自然资源，通过将历史或环境故事和可见景象相结合，传达沿线环境的历史性和场所性。

配套设施由指示设施、服务设施与文教设施三个部分组成。指示设施包括方向标识、定位点等；服务设施包括信息中心、自行车修理点、公厕、饮用水设施、旅馆、商铺、餐馆、露营区等；文教设施由博物馆、艺术馆等组成（陈琳等，2010）。

2）游憩道适宜性分析方法

与文化遗产安全格局的分析方法一样，本研究应用最小累积阻力模型，模拟人在景观中的游憩体验过程。景观的阻力越大，则该活动越不适宜开展，适宜性也就越低；相反，阻力最小的地区适宜性也就越高，也就意味着最适宜建设游憩道。

基于上述理论模型，本研究通过文献研究和专家打分法，确定不同景观要素对于游憩体验过程的阻力系数；然后根据景观要素的空间分布情况，得到一个反映游憩体验活动的时空动态和趋势的阻力表面，然后运用最小累积阻力模型，模拟游人在景观中的游憩体验过程，进行游憩道适宜性分析。

最后，根据适宜性分析的结果，人工判别游憩道的走向与连接位置，并根据廊道本身和周边资源的价值，划分出主要和次要游憩道，并提出相应的保护策略。

3）北京市游憩资源的确定

游憩资源的分布对于游憩活动的开展有着重要的影响。从适合市民游憩活动的角度来说，北京市域范围内的山地、森林、湿地等自然景观具有较高的游憩价值，同时丰富的历史文化遗产也是开展游憩活动的重要元素。为此，本研究将文化遗产（各级文物保护单位和线性文化遗产），自然景观（重要山体、河流、湖泊、湿地、林地等），和已经规划建设的各类风景名胜区、森林公园、公园、民俗村和农业观光示范园等户外游憩空间，共同作为游憩体验过程的“源”。

4）北京市游憩道适宜性分析结果

在明确了游憩体验过程的“源”之后，接下来要对不同景观要素对于游憩体验过程的适宜性（即阻力值）进行评价。

在本研究中，各种景观要素的阻力值主要是通过文献研究和专家打分来确定。首先，文化遗产体验是游憩活动的重要组成部分，规划的遗产廊道可以直接纳入游憩道网络中，因此遗产廊道的阻力值赋为最低（赋值为“1”）。其次，河湖水系是游憩道的生态基底和基本构成要素，适合作为游憩道的基本组成部分，因此水系及其滨水区的阻力值为“1”。此外，道路系统也是游憩道的基本构成要素之一，国内外相关研究认为具有较高游憩价值的山路、田间小路和一些低等级道路，较适宜作为游憩道的通行线路（Turner，2006），因此它们的阻力值也较低；而省道、国道等高等级道路以交通运输功能为主，不适宜开展游憩活动，因此赋值较高。那些与游憩体验活动具有兼容性的面状景观元素，如城市绿地、林地、园地、草地、耕地，其阻力值居中。而其他城市建成区，特别是高速公路和铁路，对游憩体验活动具有较低的兼容性，对人的穿越也造成一定阻碍，不适宜作为游憩廊道的构成要素，因此阻力值最高。在此基础上，将对各元素进行排队比较，经过多个专业人员判断打分，最终统计形成赋值（见表 3-5-1）。

游憩休闲活动的阻力因子与阻力系数　　表 3-5-1

阻力因子	阻力系数（1~50）
遗产廊道	1
水系及滨水区	1
山路、田间小路	2
县乡道	3
主要街道、次要街道	4
城市绿地	5
草地	10
田坎	10
园地	15
林地	15
耕地	15
建成区	20
省道、国道	20
高速公路、铁路	50

（资料来源：作者根据相关资料整理）

3.5.3　游憩安全格局及规划导则

1）游憩安全格局

在游憩廊道适宜性分析的基础上，以网络连通性为原则，经过人工判别，确定了北京市游憩道系统的概念规划图（彩图 34）。

在游憩安全格局分析的基础上，根据廊道本身的价值、周边游憩资源的级别及其与周边景观要素的空间分布关系，规划了市域尺度上的主要游憩道和次要游憩道。

（1）主要游憩道：主要游憩道是在游憩安全格局分析的基础上，以重要的自然和人文线性要素为依托，连接高等级自然和文化遗产所形成的环形网络系统。它构成北京市域游憩网络的骨架。其中线性连接要素主要由历史河湖水系与历史游憩线路组成。从空间格局上看,北京的主要游憩道呈现环线 – 发射型网络体系。这是同上述北京自然地理环境、游憩资源分布和城镇体系格局密不可分的。这个层次的游憩道规划管理以重点保护、优先建设为指导原则，严格控制廊道及周边土地利用，优先进行环境整治，严格保护区内自然和文化遗产，重点进行游憩道、解说系统和相关设施的建设。

（2）次要游憩道：次要游憩道是连接较低等级自然和文化遗产、补充主要游憩廊的网络。这个层次的廊道规划管理以保护优先、逐步建设为指导原则。在有条件开发的地段，建设游憩设施，发展户外游憩；在尚未有条件进行综合保护与开发的地段，重点控制与游憩道保护与开发利用相冲突的土地利用。

在游憩道规划中，特别加强了以下两方面的建设：

（1）构建城市东南部发展带的游憩道系统：北京的游憩资源空间分布并不均衡。历史上，北京东南部地区由于资源的限制，缺少重要的游憩目的地和游憩线路。此次规划在判别游憩资源和线路的基础上，规划了以湿地、河湖水系和生态休闲农业为特色的游憩道，以改变东南部平原地区游憩资源贫乏、可达性较低的现状，从而完善北京市域范围内的绿色游憩网络。此外，北京市的东部地区也是未来城市发展的主要方向，优先保护这些绿色游憩网络，一方面可以抑制城市的无序蔓延，避免大规模城市开发破坏这些具有浓郁地方特色的游憩资源，同时可以为未来居住在这里的城乡居民提供良好的户外公共活动空间，构建宜人的生态游憩网络。

（2）构建西北部浅山区游憩道系统：北京市的浅山区是平原景观区和低山丘陵景观区的交错过渡地带，这一地带自古以来就是风景游赏和休闲的胜地，目前该区域内包括了北京市现有游憩地的 95%，其中 80% 的区域行程在一小时范围之内。因此适宜作为北京市游憩景观的核心地带，是完善城乡游憩地空间配置的重要战略。但目前在空间格局上，该区域缺乏景区和景区之间的横向联系，因此在本规划中通过游憩步道加强了各类游憩资源之间的连通性，形成环形网络，从而使游憩线路的选择更加多样化、游憩体验更加综合。在平原乡村景观区充分利用微地貌特征和田园景观环境，建设郊野公园、发展生态观光农业；在丘陵地区利用沟谷资源发展生态观光经济沟；依托大绿带中的湖泊、河流建设旅游休闲、娱乐、野营等的营地与旅游景观通道；依托风景名胜区建设各种游憩场所以及服务于各个不同层次需求的游憩设施。

2）规划导则

（1）游憩道范围

游憩安全格局具有不同的层次和等级，可根据适宜性的程度，划分为高、中、低三种不同层次的游憩安全格局，并有针对性地提出不同的规划导则和建设控制策略。这三个层次上游憩道的范围及相应的规划导则（表 3–5–2）。

三种安全水平的游憩安全格局构成和规划导则　　表 3–5–2

等级	特征	范围	规划导则
核心游憩景观	富有特色的自然山体、湿地、水系和文化遗产作为核心游憩景观	包括资源本身的点、线、面等多种类型	以保持自然原貌为基本原则，对自然要素避免侵占，进行生态恢复、景观保护与整治；对遗产元素遵照原真性原理进行保护
游憩高适宜区	从适合人游憩活动的景观来说，自然景观更为优越，因此临近核心游憩景观的自然景观就作为游憩高适宜区	随周边的自然景观要素而定，如农田、湿地、林地的范围，基本保持在 200m 以内	对自然要素避免侵占，进行景观保护与整治；不做大的建设，如有建设必要，应深入研究确定其体量、形式、色彩等
游憩中适宜区	对于核心游憩景观周边一般的村镇、农田和林地，具有烘托气氛，作为背景的作用	随周边的景观要素而定	尽可能保持自然要素。对遗产要素可以进行有机更新，基于原有风格进行设计
游憩低适宜区	建筑密度较高，自然和文化遗产要素较少。空间特色不突出，历史文化价值较低	随周边的景观要素而定	尽可能增加自然要素，如林木、水体；设计当地的现代风格建筑及环境

（资料来源：作者根据相关资料整理）

（2）生态保护与景观整治

作为游憩道背景的自然环境和人文环境应得到保护和改善，具体措施包括：A 对文化遗产和乡土文化景观的保护与修缮；B 恢复水体自然形态，防止水体污染和地下水超采；C 乡土植被的保护与恢复；D 基本农田和林地的保护；E 交通环境整治，避免机动交通对游憩体验过程的割裂。

（3）游道与解说系统

游道是最为重要的体验路径，因此在游憩道的规划设计中应充分考虑不同人群的使用需求，并采用对自然环境影响较小的乡土材料和施工做法，从而减少对生态环境的干扰；辅以完善的解说系统和必要的管理服务设施，以充分发挥游憩网络的环境教育功能。

3.6 综合生态安全格局

3.6.1 综合生态安全格局构建

综合以上水文、地质灾害防护和水土保护、生物保护、文化遗产和游憩方面的安全格局，建立综合生态安全格局。以上 5 种广义的生态过程被认为在生态安全格局的构建具有同等的重要性，具有相同的权重。将 5 个单一过程的安全格局进行叠加，通过析取运算（∨），取最大值，最终确立北京市域生态安全格局（彩图 35）。它们形成了连续而完整的区域生态基础设施，为区域生态系统服务的健康和安全提供了保障。

北京市生态安全格局所考虑的生态过程、要素和各安全水平的划分标准如表 3-6-1 所示。其中“底线安全格局”是低水平生态安全格局，是保障生态安全的

不同安全水平生态安全格局的划分标准　　表 3-6-1

生态过程或要素		底线安全格局（低安全水平生态安全格局）	满意安全格局（中安全水平生态安全格局）	理想安全格局（高安全水平生态安全格局）
水文	河湖水系	河道、湖泊、水库本身及滨水缓冲区 50m	河道、湖泊、水库本身及滨水缓冲区（50~100m）	河道、湖泊、水库本身及滨水缓冲区（100~150m）
	洪水调蓄	模拟洪水淹没范围和历史洪水淹没范围的重叠区	模拟洪水淹没范围	模拟洪水淹没和历史洪水淹没范围
	地表水源保护	一级水源保护区	二级水源保护区	
	地下水补给	地下水补给高适宜区	地下水补给中适宜区	地下水补给低适宜区
	地下水源保护	地下水源核心保护区	地下水源防护区	
地质灾害和水土流失	泥石流、滑坡、矿山塌陷、崩塌	泥石流、滑坡、矿山塌陷、崩塌中心	泥石流、滑坡、矿山塌陷、崩塌中心 200m 内	
	地面沉降		地面沉降中心地带，累计沉降 >1.0 m	地面沉降中心周边 200m 内或累计沉降 0.3 ~1.0 m
	地裂缝	地裂缝所在地	地裂缝中心地带至两侧 100m 以内的两翼地带	地裂缝两翼地带至地裂缝两侧 500m 的边缘地带
	水土流失		坡度：>25°	坡度：20° ~25°

续表

生态过程或要素		底线安全格局（低安全水平生态安全格局）	满意安全格局（中安全水平生态安全格局）	理想安全格局（高安全水平生态安全格局）
生物	环颈雉 *Phasianus colchicus*	北部和西部山区林地	低安全格局周边 60m 范围内	低安全格局周边 60~200m 范围内
	绿头鸭 *Anas platyrhynchos*	人工库塘、河流、湖泊湿地、城市大型绿地斑块内水域，以及周边 800m 范围内的林地	低安全格局周边 60m 范围内	低安全格局周边 60~200m 范围内
	大白鹭 *Egretta alba*	人工库塘、河流、湖泊湿地以及周边 2km 范围内的林地	低安全格局周边 100m 范围内	低安全格局周边 100~200m 范围内
人文	文化遗产	遗产廊道和各遗产点的核心保护范围	遗产廊道和各遗产点的严格控制范围	遗产廊道和各遗产点的一般控制范围
	游憩	核心游憩景观及游憩高适宜区	游憩中适宜区	游憩低适宜区

（资料来源：作者整理）

最基本保障范围，是城市发展建设中不可逾越的生态底线，需要重点保护和严格限制，并纳入城市的禁止和限制建设区。“满意安全格局”是中水平安全格局，需要限制开发，实行保护措施，保护与恢复生态系统。“理想安全格局”是高水平安全格局，是维护区域生态服务的理想的景观格局，在这个范围内可以根据当地具体情况进行有条件的开发建设活动。

从面积分布上看，北京市理想生态安全格局的总面积占全市土地面积的 85% 左右（表 3–6–2），说明北京市大部分土地具有显著的生态功能；底线安全格局约占全市土地面积的 47% 左右，说明近一半的土地提供了重要的、不可替代的生态系统服务。

北京市不同水平生态安全格局的面积和比例　　表 3–6–2

等级	EI 用地面积（km^2）	建设用地面积（km^2）	EI 用地比例（%）	建设用地比例（%）	人均 EI 用地面积（m^2）
底线（低）	7729	8605	47.32%	52.68%	386
满意（中）	11508	4826	70.45%	29.55%	575
理想（高）	13902	2431	85.11%	14.89%	695

注：人口以 2000 万计算。（资料来源：作者统计整理）

北京市生态安全格局内的土地利用分布具有显著的空间差异（彩图36、彩图37）。在山区，生态安全格局占据了土地总面积的90%以上，主要土地利用类型包括林地、草地、水域、园地和耕地，其中林地是景观基质，草地、水域、其他土地、园地和耕地作为重要的生态斑块相对聚集分布，镶嵌在林地景观基质中。在远郊平原地区，生态安全格局占土地面积的比重下降到40%左右，生态安全格局主要由廊道、斑块构成，主要土地利用类型包括耕地、园地、林地和水域（表3–6–3）。在中心城区和近郊区，生态安全格局占土地面积的比重下降到30%左右，生态安全格局主要由廊道、斑块构成，土地利用类型包括林地、水域和耕地（表3–6–4）。

北京小平原不同水平生态安全格局的面积和比例　　表3–6–3

EI等级	EI用地面积（km^2）	建设用地面积（km^2）	EI用地比例	建设用地比例	人均EI用地面积（m^2）
底线（低）	1754.23	4876.84	26.45%	73.55%	100
满意（中）	2738.30	3892.78	41.29%	58.71%	156
理想（高）	4545.27	2085.80	68.55%	31.45%	260

注：人口以1750万计算。（资料来源：作者统计整理）

中心城区不同水平生态安全格局的面积和比例　　表3–6–4

等级	EI用地面积	建设用地面积	EI用地比例	建设用地比例	人均EI用地面积（m^2）
底线（低）	281	808	25.79%	74.21%	33
满意（中）	393	696	36.08%	63.92%	46
理想（高）	515	573	47.38%	52.62%	61

注：人口以850万计算。（资料来源：作者统计整理）

需要强调的是，北京市的“生态底线”不仅体现在数量上，更为重要的是，它在大地上形成了一个提供多种生态系统服务的生态功能网络。这个生态功能网络的总体格局为：以区域西、北山体和大型湿地为重要的生态源地，以林地和湿地为斑块，通过沿水系、林带、文化遗产线路等线性元素建立的生态廊道、文化遗产廊道和游憩廊道，构成呈基质－斑块－廊道镶嵌格局的生态基础设施网络。它提供了包括洪涝调蓄、地表和地下水资源保护、水土保持、地质灾害防治、生物多样性保护、文化遗产保护和生态游憩等在内的生态系统服务，维护了城市的基本生态安全，是北京市可持续发展和建设宜居城市的生态基础，也是城市扩张的刚性界限。

3.6.2　生态安全格局规划与相关规划的关系

《北京城市总体规划（2004~2020 年）》（简称城市总体规划）对北京市建设限制性分区进行了初步划定，即将全市土地划分为禁止建设区、限制建设区和适宜建设区这三种类型，从整体上指导了城市总体规划阶段的城镇空间布局规划。2005 年，北京城市总体规划批复之后，作为重点专项规划之一的《北京市限建区规划（2006~2020 年）》（简称限建区规划）得以展开，它是对城市总体规划中非建设用地的更为系统、深入的研究与规划。此外，城市总体规划中的综合生态规划、水生态系统规划、绿地系统规划、环境污染防治规划、城市综合防灾减灾规划等专题内容也与生态基础设施规划紧密相关。

从总体关系上看，生态安全格局研究和生态基础设施规划与城市总体规划以及其他相关规划是相辅相成的。生态基础设施是保护生态环境、自然与文化遗产的景观格局，而不仅仅是相同功能土地单元的拼凑，自然、生物、文化及游憩过程与格局的连续性和完整性是判别和划定生态安全格局的科学依据。从这个意义上讲，它是对现有限建区规划和绿地系统规划等规划的有益补充。

与限建区规划及其他相关规划比较，生态基础设施与它们在以下几方面有所区别：

1）尺度不同

完整的生态安全格局（生态基础设施规划）在三个尺度上来建立，即宏观尺度上北京市生态基础设施和生态安全格局战略规划，中观尺度上重点片区和廊道的生态基础设施控制性规划，微观尺度上地块的生态基础设施修建性设计。这三个尺度上进行生态基础设施的规划和设计，分别与城市建设规划（“正规划”）中的城市总体规划阶段、分区规划和控制性规划阶段、修建性详细规划阶段相对应（表 3–6–5）。这一从宏观至微观的完整体系保证了生态安全格局的理念和思想最终可以在城市建设的不同尺度和不同阶段得到贯彻。

同时，“反规划”途径与生态基础设施规划已经在台州、菏泽、威海、武夷山等国内多个城市的规划实践中得以实施和验证。本课题组完成的“北京市朝阳区东三乡土地利用规划”、“大兴新城城市设计”也是生态基础设施规划在中观层面上与土地利用规划、城市设计结合的案例（图 3–6–1）（俞孔坚，2009a，2009d）。

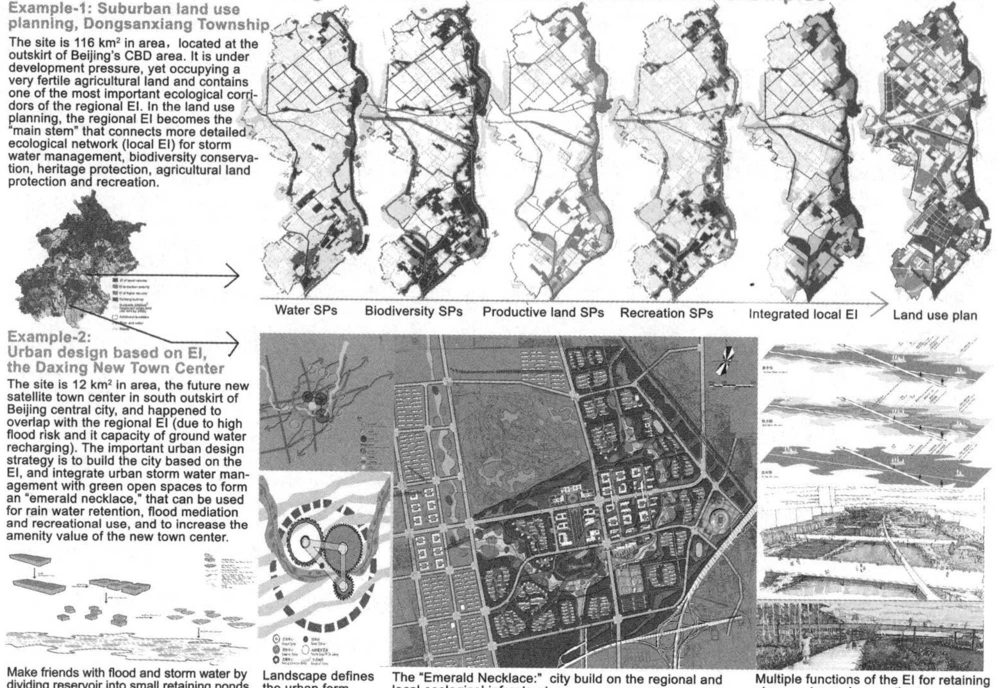

图 3-6-1　北京市生态安全格局在不同尺度上的应用

（图片来源：作者绘制）

生态基础设施规划与传统城乡空间规划的区别　　　　表 3-6-5

尺度	反规划 （生态基础设施规划）	正规划 （传统城乡规划）
宏观（>100 km^2）	区域生态基础设施总体规划：什么地方不可以建设	城镇体系规划和城市总体规划：在什么地方建设什么
中观（>10 km^2）	如何控制不建设区域和景观元素，包括：（1）城市分区的生态基础设施控制性规划；（2）主要生态基础设施元素的规划，如生态廊道的控制性规划	分区规划和控制性详细规划：如何进行建设
微观（<10 km^2）	地块生态基础设施修建性规划和设计：包括基于（1）通过地段城市综合设计，使区域和城市生态基础设施的服务功能导入城市机体内部；（2）进行生态基础设施的局部设计以最大限度发挥其服务功能	城市地段修建性详细规划：建设成什么样子

（资料来源：作者整理）

2）内容重点不同

生态基础设施强调空间结构的完整性和生态服务功能的综合性。它将生态系统的各种服务功能，包括旱涝调节、生物多样性保护、休憩与审美启智，以及遗产保护等整合在一个完整的景观格局中，落实在土地上。不论是低水平、中水平还是高水平的生态基础设施，都是一个连续而完整的网络，从而保障了土地生态系统的完整和健康。

而限建区规划是从建设用地适用性评价出发，重点在于保护城市发展的重要资源和生态环境，合理引导开发建设行为。限建区规划通过对多种限制要素的分析和叠加，建立了限建分区体系，并制定分区规划导则。与生态基础设施规划相比，它仅从生态适宜性、工程地质和资源保护等方面进行要素分析，缺乏对生态系统服务的全面考虑，如生态系统的生物栖息地、游憩功能就未被纳入到限建要素中。

3）划分依据不同

生态基础设施规划了水文、地质灾害、生物保护、文化遗产和游憩 5 方面的安全格局。运用 ArcGIS 空间分析技术，通过对景观过程的分析和模拟，来确定高、中、低三种安全水平的安全格局的划分依据和标准，进而整合为具有综合功能的生态安全格局。

限建区规划考虑的要素包括水、绿、环、地、文 5 大专业，共 16 大类 56 个限建要素，相对于生态基础设施来说，限建区规划考虑的要素更加全面、复杂。然而，这些限建要素相互分离，没有进行整合，同时限建区边界的确定主要是通过各专题研究的成果叠加而成。

4）空间布局不同

从规划成果上看，限建区规划中不同级别的禁建区、限建区是呈独立块状分布，没有形成有机的网络体系；对限制性要素的类权重赋值时，绿化的权重最高，为 10，由限建要素衍生的限建区分区的图中可以看出（彩图 38），限建级别较高的区域主要分布在自然保护区和风景名胜保护区。而生态基础设施以维护土地生态过程的健康和完整为目标，通过对不同景观过程的分析和模拟，构建安全格局，形成了相互联系、系统有机的生态网络。

5）边缘形态不同

生态安全格局（生态基础设施）规划强调格局的概念，体现在最大限度地尊重自然地理和生态系统的特征、内在属性，以及重视边缘地带所体现的多样性、复杂性和包容性。如图 3-6-2 所示，生态安全格局保证了景观构成要素的多样性、形状和边缘的复杂性以及格局的连通性，生态安全格局的边界与城市建成区

“软性”相交。而在限建区规划中，限建要素边界的人工化痕迹较重，形状和边缘的复杂性不够，也没有形成相互连通的景观格局。

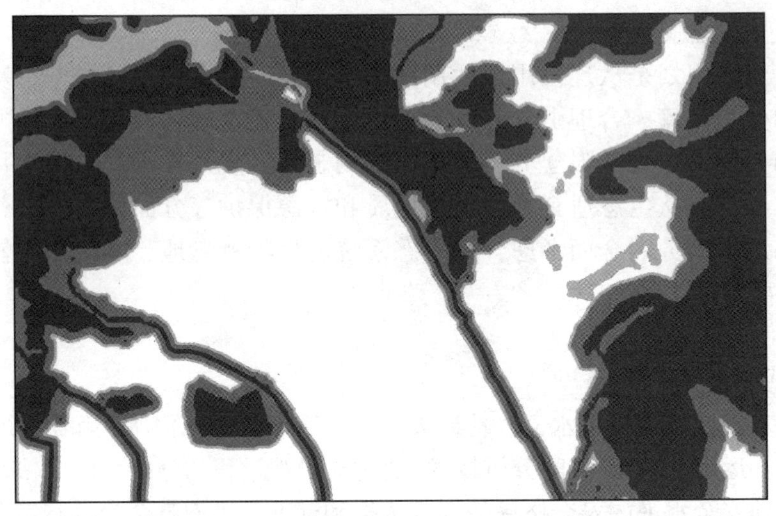

不可建设区（Unbuildable area）

可建区 Buildable area

（*a*）

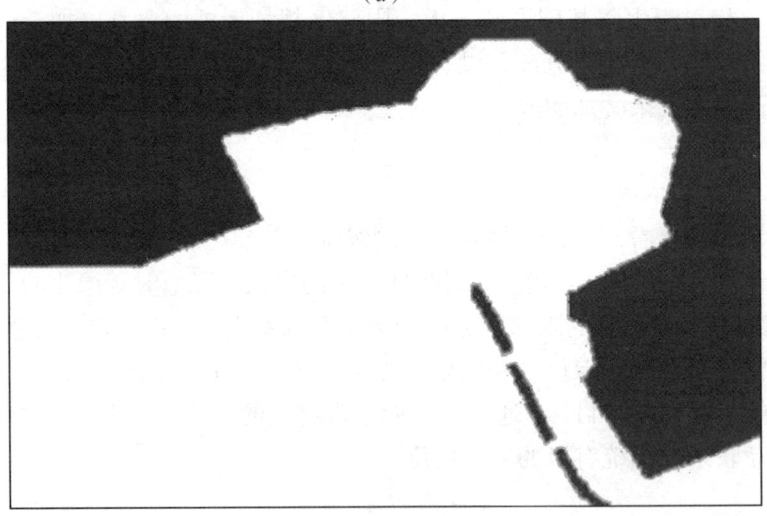

不可建设区（Unbuildable area）

可建区 Buildable area

（*b*）

图 3-6-2 “生态安全格局”和“限建区”的边缘形态的比较

（*a*）理想的生态安全格局局部 （*b*）北京现有的《限建区规划》局部

（图片来源：作者绘制）

3.6.3 生态安全格局实施战略

1）充分发挥浅山区和山前冲积扇的综合生态功能

北京市的浅山区和山前冲积扇地带，是山区向平原过渡的重要地带，地理空间分异显著，生物丰富多样；同时，北京市的地表饮用水源地和地下水补给区集中分布在浅山区，因此也具有重要的水源涵养、地下水补给等水文调节功能；此外，该区内还具有丰富的文化遗产、乡土景观和游憩资源，具有较强的文化遗产体验和游憩功能，是北京市民休闲娱乐的重要场所。

因此，在土地利用规划管理中，首先，应充分发挥浅山区和山前冲积扇的多种生态系统服务，通过构建生态基础设施，对具有关键生态功能的景观格局进行严格保护和管理。其次，应建立与生态、游憩功能相适应的产业结构体系，逐步升级产业结构，大力发展居住、教育、旅游休闲产业和生态、特色农业。最后，浅山区的发展应与区域原本的乡土景观基质相协调，新的开发不应形成大规模的功能体，而采用“嵌入式”的空间发展格局，这样有利于控制建设规模，并使新的建设点缀于原有景观之中，融入原有文化景观基底（俞孔坚等，2009f）。

2）恢复城市水系自然形态

河湖水系是北京市最为重要的生态廊道和生态基础设施的基本骨架，然而不合理的土地利用和水资源开发利用方式，导致水生态系统遭到破坏，不但加大了区域发生洪涝灾害的风险，同时也导致自然水系的消失和退化、水生生物的减少、地下水位下降以及人水关系的割裂等。

因此，从北京市水系的空间格局与水系生态系统服务的关系入手，通过对水文过程的分析和模拟，判别和保护具有较高生态系统服务的水域及其相关土地，提出雨洪调蓄区、水源保护区、地下水补给区的生态管控导则，并恢复城市水系自然形态、建立河流生物廊道系统，从而构建北京市综合水安全格局。它将有利于充分发挥北京市水系的地下水补给、蓄洪滞洪、水源保护、保护生物多样性等功能，同时提高河流、湖泊、水库、稻田、湿地等生态系统的生态服务功能和文化服务功能。

3）保护和恢复城郊和农村地区的湿地、坑塘和自然灌溉系统

北京城郊和农村的坑塘和自然灌溉系统分布较为广泛，并且是在长期历史发展过程中逐步形成的与当地生态环境相适应的、低成本、低碳环保的水资源利用方式，值得认真学习和借鉴。

在城市化过程中，应大力保护和恢复城郊、农村地区的湿地、坑塘和自然灌

溉系统。这不仅能最大程度实现对雨洪水的收集、滞纳、净化和下渗，有效提高地表水系防灾滞洪的能力、补充地下水的能力，同时也将扩大生物栖息地与迁徙的范围与途径，并进一步提高城郊与农村地区的生态保障能力与审美、游憩价值。

4）保护和恢复城乡连续的乡土生境和生物廊道系统

北京自新中国成立以来，建立了多个自然保护区、森林公园、风景名胜区和较为完整的城市绿地系统，使本地的野生动植物资源得到了一定程度的保护和恢复。但这种传统模式对于保护北京市日益破碎的景观格局和乡土生境是远远不够的，在快速城市化地区，更需要在区域和景观层次上形成乡土生境和生物廊道系统，从而保护区域内生物栖息地和生态系统的完整与健康。

因此，应以景观生态学、景观安全格局理论和焦点物种途径为指导，识别和规划对生物保护具有重要作用的关键过程和空间格局，即在对焦点物种进行垂直和水平过程的分析基础上，构建综合的生物保护安全格局。通过保护森林、湿地等具有关键性生物保护意义的大型栖息地斑块，恢复贯通以河流、铁路、公路两侧绿化带和农田防护林为主要载体的生物廊道系统，同时保护小型栖息地斑块、建设生物迁徙过程中的踏脚石，建立城市森林等措施，构建城乡连续的生物保护网络，以实现景观和生态系统等多个层次上的生物多样性保护（胡望舒等，2010）。

5）建立乡土文化遗产的保护和体验网络

北京市在长期的历史发展过程中，形成了内容丰富、历史价值高的文化遗产和乡土景观。但在快速城市化进程中，这些文化遗产和乡土景观的原真性和完整性面临着受损的威胁，同时由于交通可达性较差、配套设施不完善等原因，这些遗产本身的教育、审美和游憩价值也没有得到充分发挥，在塑造城市历史文化特色方面的作用十分有限。目前，北京正在朝着人文北京、文化名城、世界城市的目标前进，这就要求在原有旧城区文物保护的基础上，对市域范围内的各类历史文化资源进行系统保护，弘扬历史文化传统、塑造历史文化特色。

因此，借鉴遗产廊道的规划理念，整合零散孤立的文化和自然景观资源，建立集生态和文化保护、休闲游憩、审美启智、旅游发展等多方面功能于一体的区域遗产廊道网络，对于北京市历史文化名城建设和实现宜居城市目标具有重要意义。为此，应积极保护市域范围内的各类历史文化资源，特别是具有重要历史文化意义、体现北京城乡发展演变的历史河湖水系、京东运河带、风景名胜区、京西寺庙区、帝王陵寝区，以及散落在乡间田野、充满浓郁地方特色、适应当地自然与人文环境的村落、农田、果园等乡土景观。应积极构筑以历史河湖水系、长城、文化线路等线性文化遗产为依托，连接重要遗产点或片区的区域型遗产廊道，从而强化资源的交通可达性、提高文化遗产的整体保护水平，充分发挥遗产的教育、游憩功能，并通过发展旅游等产业带动周边地区宜居城市建设（王思思等，2010）。

6）建立安全便捷连接城乡的绿色游憩道系统

随着城市居民的生态意识与健康需求的不断提高，非机动车道路系统因其独特的生态、环保、休闲、健身等功能日益受到人们的重视。

在北京全面建设“宜居城市”的背景下，应优先规划、建设非机动车道路系统，并在此基础上，整合各类游憩资源，建立遍及城乡、以生态网络为依托的游憩道系统。在社区之间、城郊之间、重要风景区之间、河流沿岸、山前平原、河谷滩地、城市绿化带，建立起以步行、自行车等绿色交通方式为主的，联系自然山体、水系、历史文化景观以及城市功能区、社区的绿色游憩网络，满足城乡居民对生态健康的生活方式的需求。

7）将农田作为北京市生态安全格局的有机组成部分

城市扩张侵占了郊区原有的耕地和基本农田，同时城市生态环境质量的改善要求城市中尽可能多地建设绿地，这就使北京市土地利用中的农业生产用地、城市绿地和城市建设用地之间彼此侵占、彼此制约，成为难以调解的矛盾。

因此，应将耕地积极纳入北京市生态安全格局和生态基础设施网络，以土地节约集约利用、农用地多功能化为目标，把单一种植功能的农田建设成具有生态维护、景观文化、观光休闲、社会保障等多种功能的新型都市农业，从而根本上缓解农用地与城市绿地、建设用地之间的冲突。应将生态基础设施内部有良好水利与水土保持设施的耕地、蔬菜生产基地、农业科研、教学试验田，以及按照国务院规定应当划入基本农田保护区的其他耕地，优先划定基本农田保护区，通过基本农田的保护政策实现对土地生态功能的有效保护。并可根据生态安全格局的分析，结合城市功能布局，确定不同区域内耕地和基本农田的主导功能，制定相应的生态保护导则，提出有利于生态过程和农业生产过程的管理方法（俞孔坚等，2009a）。

8）改造城市绿地系统并使其成为生态安全格局的有机组成部分

北京市早在20世纪50年代就开始了城市绿地建设，但由于时代局限和多种因素的制约，北京市现有绿地系统规划和实施效果都不尽如人意，绿地系统规划建设存在着布局与结构不尽合理、生态学依据不足等问题，使绿地系统的生态功能并未得到充分发挥。因此，在北京市建设世界城市的高标准下，有必要对现有绿地系统的规划和建设进行进一步完善（俞孔坚等，2010b）。

北京市绿地系统布局应该以生态基础设施为基础，优先在生态基础设施规划范围内建设绿地，通过基质（大型绿地、风景区、郊区森林、农田等）、斑块（公园、街头绿地、小型游园等）、廊道（河流、道路、农田绿化带）的有机结合，使不同性质、不同形状、不同规模的绿地构成一个有机结合的、能保持自然过程整体性和连续性的动态绿色网络。北京市绿地系统建设必须突破仅在城市规划区内考虑的思路，把郊区森林、农田、旅游风景区等纳入规划的范畴。绿地系统规划应该充分整合自然保护区、森林公园、风景名胜区等绿色空间，通过保护森林、湿地等具有关键性生物保护意义的大型栖息地斑块，对本地野生动植物和乡土生境实施有效保护。同时结合多功能绿道的建设，贯通以河流、铁路、公路两侧绿化带和农田防护林为主要载体的廊道系统，构建城乡连续的生物保护网络、绿色游憩网络。在绿地的设计建设过程中，应充分挖掘城市绿地在景观美化之外的雨洪收集、滞留与净化、补给地下水、栖息地等生态功能，使其真正成为生态基础设施的有机组成部分（俞孔坚等，2010b）。

9）构建并落实保障区域生态安全的北京市生态基础设施

北京市新一轮的城市总体规划和土地利用规划均对市域范围内的禁建区、限建区进行了划分，但划分的依据和限制要素主要从资源保护和风险避让的角度出发，只对某些关系区域生态安全的问题进行了研究，而忽略了对自然过程、生物过程和人文过程的综合分析和功能整合。

本研究综合上述9大战略，判别并规划了保障北京市生态安全的战略格局和生态基础设施，并以此作为划定北京市禁建区、限建区的科学基础和核心内容。通过将生态基础设施与城市禁限建区、绿线、蓝线、紫线相结合，可将生态基础设施纳入到法定保护范围中，确保生态用地不被建设用地侵占。针对土地规划管理工作的实际需要，应进一步研究和完善不同空间尺度上生态基础设施用地的划分标准和方法，并通过相关法规制度的建设，将其纳入法定保护体系。应结合区县、乡镇、村级土地利用规划及土地生态设计导则的制定，分解、落实宏观层面上生态安全格局的各项战略目标，明确重要生态斑块、廊道的功能和边界，并通过设计导则、控制指标来指导具体地块的开发建设，从而使“反规划”、生态基础设施的理念能够真正与土地规划管理紧密结合，通过土地管理的手段实现对生态安全格局的有效保护。

第四章　基于生态安全格局的城市增长格局预景

自古至今，人们一直不断探索着理想的城市空间格局。19 世纪以来，先后诞生了“田园城市”、“光明城市”、“广亩城市”和“带状城市”等一系列理想城市的模型。然而，二战以后西方城镇化进程和城市形态发生了重大转变，事实一次又一次证明：在日益复杂和充满不确定性的城市化过程中，任何企图用静态、理想的模型控制城市形态的做法都是无效的。另一方面，尽管现代城市规划理论不乏生态学思维和原则的运用，但由于对区域生态系统的过程与功能的重视程度不足，同时缺乏相应的规划理论、方法与政策支撑，因此在缓解城市快速扩张对区域生态环境产生的负面影响方面，成效并不显著。

经过上述实践检验和理论反思，规划界开始从单纯控制城市形态向理解形态背后复杂的自然和人文过程转变。城市地理学家大卫·哈维（David Harvey）指出：城市化的各种过程（包括资本积累、管制的解除、全球化、环境保护、法律和规章、市场趋势等）对城市关系的形成起到了更加重要的作用，而不是空间形式本。20 世纪 90 年代以来在欧美规划设计领域兴起的景观城市主义，也强调各种景观过程对城市景观和形态所起到的决定性作用（Waldheim，2006）。此外，生态学、景观生态学和生态规划的发展也给城市空间结构提供了新的视角和理论支撑，如生态网络、绿色基础设施、生态基础设施作为区域生态系统的关键性格局，被认为是实现土地生态保护的重要途径，也对城市空间格局产生了不同程度的影响。

本研究认为，区域和城镇发展是自然生态、社会经济等多种过程互相制约、协调发展的结果，城镇扩张过程与自然生态过程是两类过程，在空间上表现为相互博弈的关系。当前，我国人地关系高度紧张，城市建设用地的无序蔓延，侵占了大量生态用地，对区域生态安全产生了严重威胁。因此，我国城乡规划、土地利用规划的重要任务，就是在空间上来协调自然生态过程和城市扩张过程的关系，本质上也就是协调生态保护与社会经济发展的冲突与矛盾。正如此前所论述的，本研究认为“反规划”是解决这一矛盾的根本途径，即首先通过建立一个战略性的景观结构（生态安全格局）以高效地保障生态过程和格局的完整性与连续性，然后用生态安全格局来引导城镇空间格局的发展。这样，就可以保证城市的生态安全，同时给城市扩展留出足够的空间，从而实现生态保护与城市发展的双赢。此时，城市形态是由自然生态过程及其格局来决定的，而不是某种理想的城市形态模型。

根据这一思路，本章将生态安全格局（生态基础设施）作为维护区域自然生态过程的关键性格局。同时，以生态安全格局（生态基础设施）作为刚性的景观框架，通过预景的研究方法，来模拟北京未来城镇空间扩展可能出现的格局，并分析在不同预景情况下，城镇扩展格局对维护城市生态安全、提供建设用地、保障基本农田等方面的影响，从而为选择合适的城市空间扩展格局及规划决策提供参考。

4.1 预景方法概述

“预景”（Scenario）[①]，是对一些有合理性和不确定性的事件在未来一段时间内可能呈现的态势的一种假定（Pearman，1988），是预测这些态势的产生并比较分析可能产生影响的整个过程，其结果包括：对发展态势的确认，各态势的特性、发生的可能性描述，并对其发展路径进行分析（欧志丹等，2003）。

“预景”分析最初被用作企业管理领域的战略规划方法，用来判断当前的决策在不确定的未来是否有效。它从不确定性研究入手，推断出不确定因素及其驱动力，根据这些驱动力设想未来可能的状态，归纳出若干“预景”，制定相应的应对措施。其中，先决因素会以同样的方式发生在所有“预景”中，不确定因素则以不同的方式存在于不同“预景”中。

预景分析包括两大类，一类是在已知未来状态下探索所应采取的不同行动，二是在已知现状政策下模拟未来的不同场景。它不同于一般的预测，是发散性的思维过程。“预景”的解释包括“可能的预景”、“期望的预景”和“可实现的预景”三类，其中“期望的预景”和“可实现的预景”的交集便是理想的方案。

早在20世纪60年代，预景分析就开始应用在城市和景观规划当中。1980年代以来，随着环境问题的日益突出，欧美生态学家与景观规划学家将预景研究方法用于协调保护与开发的矛盾、以可持续发展为目标的区域与环境管理，规划的实践中包括大规模的湿地恢复、物种保护等。如哈佛大学卡尔·斯坦尼兹（Carl Steinitz）教授完成的加州坎普（Camp Pendleton）、宾州蒙罗（Monroe）县等项目的多解规划（Alternative Futures）研究，密歇根大学的琼·艾维森（Joan Iverson Nassauer）教授与其他多所大学合作完成的农业景观的预景研究等（俞孔坚等，2004）。近年来，预景分析方法在我国空间规划实践中的使用也逐渐增多，

---

① 国内部分学者将其翻译成“场景”、“情景”或“预案”。

成为了城市规划和生态规划等领域的研究前沿热点（王睿等，2007；宗跃光等，2007；钮心毅等，2008；李博，2009）。

用预景分析对城镇空间扩展进行预测与评价尤为重要。针对城镇扩展过程的不确定性，预景分析可以识别其不确定因素，根据不确定因素的组合方式归纳预景类型，再通过城市扩展模型来模拟在不同因素约束下的城市发展格局。本研究利用预景方法和最小累积阻力模型，针对北京市域的城镇空间扩展和景观格局进行模拟和评价，比较了有、无生态安全格局预景下的城镇增长格局，以及不同标准生态安全格局影响下的城镇增长格局，并可比较对生态、社会、经济等多方面的影响。

4.2　预景设计

本研究应用最小累积阻力模型进行城镇空间扩张模拟。最小累积模型能将景观要素与空间距离相结合，模拟景观过程在空间上的博弈，已在诸多类似研究中得到应用，如黄国平（2002）对风景区边缘旅游城市建立城市扩张模型，刘海龙（2005）对浙江省台州市建立城市扩张模型等等。

应用最小累积阻力模型进行城镇扩张模拟，主要分以下三个步骤：

（1）选择作为“源”的城镇斑块，确定不同城镇斑块的扩张潜力；

（2）分析并选择影响城市扩张的要素，确定不同要素对城市扩张的阻力大小，建立城镇扩张的阻力面；

（3）模拟作为“源”的城镇斑块在不同阻力面情况下的扩张过程。

下文将根据上述步骤，对如何确定北京市城镇增长预景的“源”及“阻力面”展开分析和论述。

4.2.1　城市扩张的“源”

无论从经济实力还是现有人口规模来说，北京市主城区以及其他郊区县的主要城镇建成区都具有一定程度的空间发展能力，因此，本研究中将上述城市斑块都作为城市空间发展的“源”。

但是，不同“源”的空间发展潜力不同，要想对城市空间发展格局有更为合理的模拟，需要首先对各个“源”的空间发展潜力进行评价。城市的空间发展是个复杂的过程，城市发展潜力的评价也是个复杂的、综合的问题，目前尚无统一的方法与结论。相关研究表明，人口增长、经济发展、政策和制度变化等是城镇空间扩张的主要动力，其中经济发展是城市用地扩展最重要的驱动因子。简明起见，本研究采用人均 GDP 的指标来衡量各城市斑块及其周边区域的经济发展潜力，以此作为城市斑块发展潜力评价的基础。从表 4-2-1 可以看出，拥有最高人均 GDP 的主城区和最低人均 GDP 的平谷区相差约 4 倍，不同区域之间的等级差别也较明显，由此，本研究根据人均 GDP 的相对大小对城市发展潜力进行初步评价，共分 4 等。同时，参考《北京城市总体规划（2004~2020 年）》中确定的新城发展规模，共同得出各城市斑块的综合城市发展潜力。可以看出，基于人均 GDP 的城市发展潜力评价和《北京城市总体规划（2004~2020 年）》中确定的新城发展规模趋势大致相同（李春波，2007）。

“源”的发展潜力评价（李春波，2007） 表 4-2-1

区县	GDP（万元）	常住人口（万人）	人均 GDP（元 / 人）	城市总体规划各区县新城人口规模（万人）	基于人均 GDP 的城市空间发展潜力	综合城市空间发展潜力
主城区	43107939	953.2	45224.44	—	4	4
门头沟区	393311	27.7	14198.95	15~35	1	1
房山区	2095351	87	24084.49	60	2	2
通州区	1299355	86.7	14986.79	70~90	1	3
顺义区	2308105	71.1	32462.8	70~90	3	3
昌平区	1824768	78.2	23334.63	60	2	2
大兴区	2939535	88.6	33177.6	60	3	2
怀柔区	824777	32.2	25614.19	15~35	2	2
平谷区	495041	41.4	11957.51	15~35	1	1
密云县	698645	43.9	15914.46	15~35	1	1
延庆县	350730	28	12526.07	15~35	1	1
亦庄开发区				70~90		3

（数据来源：GDP 采用北京市第一次全国经济普查数据；常用人口采用《北京统计年鉴 2006》数据；城市总体规划各区县新城人口规模采用《北京城市总体规划（2004~2020 年）》数据。）

需要说明的是，从人均 GDP 的来看，通州区作为“源”的城市斑块城市空间发展潜力较低，但是，在《北京城市总体规划（2004~2020 年）》中提出要重点发展通州、顺义和亦庄 3 个新城，重点发展的新城应成为中心城人口和职能疏解及新的产业集聚的主要地区，形成规模效益和聚集效益，共同构筑中心城的反磁力系统。可见，通州在未来北京城市空间发展中的地位很高，这种政策的倾斜和引导必然为通州城市空间的发展带来前所未有的机遇，因此，在综合城市空间发展潜力评价时，通州区的城市斑块空间发展潜力由“1”提升为“3”。大兴区的人均 GDP 较高，主要是因为亦庄开发区的存在，亦庄开发区的 GDP 占大兴区的 50% 以上，人口却不足大兴区的 1/10。在空间上，亦庄开发区组团和大兴新城之间也相隔一定距离，有明确的区分，因此，在对作为“源”的城市斑块进行空间发展潜力评价时，有必要将二者区分开来。由于亦庄开发区的经济实力很强，也是规划中的重点发展新城，其综合城市空间发展潜力评价为“3”，随之，将大兴区城市斑块的空间发展潜力降低一个等级，为“2”。除此以外，怀柔区的人均 GDP 相对较高，但在《北京城市总体规划（2004~2020 年）》中考虑了该区域重要的生态功能，因此规划其新城人口规模并不多。鉴于本研究是基于生态基础设施的空间发展，生态基础设施用地的保护已经保证了北京市的生态安全，无需刻意抑制怀柔的城市空间发展潜力，因此，怀柔区的综合城市空间发展潜力仍然评价为“2”（李春波，2007）。

综上所述，本研究对各作为“源”的城市斑块的综合空间发展潜力评价共分 4 等，由高到低分别为“4、3、2、1”。其中主城区的空间发展潜力为“4”，通州、顺义、亦庄开发区的城市斑块空间发展潜力为“3”，房山、昌平、大兴、怀柔的城市斑块空间发展潜力为“2”，门头沟、平谷、密云、延庆的城市斑块空间发展潜力为“1”，详见表 4-2-1。上述空间发展潜力评价分等中 1~4 的不仅代表分等的高低，同时也表示了不同等级之间城市空间发展潜力的相对大小（李春波，2007）。

由于作为“源”的城市斑块及其空间发展潜力的大小都是由“源”自身决定的，与其周边的土地利用方式等关系不大，因此，在本研究中所涉及的多个预景中，作为“源”的城市斑块及其空间发展潜力的大小都视为相同。

由于 5 个预景使用相同的“源”进行城市空间扩张分析，预景 2~ 预景 5 中确定“源”的内容与此相同，不再单独讨论。

4.2.2　城市扩张的“阻力面”

城市空间格局的形成与演化是城市与其内外部各种自然、人文各要素相互作用的结果。城市及其周边地区的自然地理条件、土地利用方式、交通条件、城市原有的空间结构、工程技术水平、城市发展政策与规划控制等因素，都可能影响城市扩张的规模、方向和速度（刘海龙，2005；廖继武等，2005；许彦曦等，2007；牟凤云等，2007）。根据相关研究，本文将影响北京市城市空间发展的主要因子归结为以下几点：

1）经济发展

建设用地是城市中一切社会经济活动的重要的物质基础。经济的增长可以推动城市基础设施的建设，使居民对生活质量的要求不断增加，还会吸引大量外来人员，促进城市人口增加，这些都直接推进了城市建设用地的增长。根据牟凤云等（2007）、朴妍等（2006）的研究，北京市建成区面积与GDP、固定资产投资、居民收入水平、社会消费品零售额等经济数据都具有很强的相关性。本研究中，“经济发展”因素对于城镇扩张的影响已经在“源”的分析中考虑进去，因此不在阻力面中重新进行计算。

2）交通条件

城市作为区域的中心，其与区域及区域外的物质联系主要靠交通来实现。王立等（2003）、廖继武等（2005）、赵立军等（2005）认为道路系统对城市空间结构分布具有重大影响，对城市的发展方向也起着重大的引导作用。研究表明，道路是城市重要的基础设施和对外交流通道，城市的发展，尤其是在其早期阶段，主要沿着对外的生长轴（一般是指城市对外的交通干线）而展开，交通干线周边地区最具有城市化的潜力，城市扩展的阻力较小。

3）自然地理条件

在自然地理条件中，除地震断裂带、滑坡等自然灾害多发地带对城市空间发展带来的阻碍外，地形对城市空间扩张的影响最明显。其中，适宜的坡度是城市建设的强制要求。坡度过大，城市的建设成本和安全风险都会大大增加。

4）生态规划调控

伴随着区域生态环境的持续恶化，生态问题逐渐得到了重视。绿化隔离带、禁建区规划、生态基础设施规划等生态规划和调控政策相继出现。生态规划调控政策成为影响区域发展的重要因素。本研究中以禁限建区规划作为传统生态规划的代表，与生态基础设施规划作为对比，作为预景分析的生态规划调控因素。也就是说，城镇空间发展分别受禁限建区规划和生态基础设施规划的制约，纳入这些规划的用地对城镇扩展产生的阻力是不同的，且根据不同的安全级别划分成不同等级。

基于以上对关键因子的分析，可以得知：除经济发展影响了“源”的空间扩张潜力外，交通区位、自然地理条件以及生态安全格局等生态规划调控政策，也对北京城市空间的扩展产生重要影响。本研究选取距主要道路距离、坡度和生态安全格局的等级这三个指标来代表上述三个因子，各因子权重由专家打分得到（表 4–2–2、表 4–2–3）。

4.2.3　不同城市增长格局预景方案

1）预景 1：无生态约束下的城市增长格局

“无生态约束”预景主要模拟了城市空间在单纯经济因素驱动下可能出现的发展情景。该预景下城市空间发展不受“生态安全格局”的约束，城市空间的扩展方向仅受道路基础设施、地形以及现有建设用地分布的影响。

因此，上述三个因子对城市空间扩张带来的阻力如表 4–2–2 所示：

无生态约束的城镇扩张阻力表　　表 4–2–2

<table>
<tr><th>阻力因子</th><th>等级或类别</th><th>阻力值（0~100）</th></tr>
<tr><td rowspan="6">主要道路
（依据距道路的距离分级）
权重：0.5</td><td>0~200</td><td>1</td></tr>
<tr><td>200~400</td><td>2</td></tr>
<tr><td>400~600</td><td>3</td></tr>
<tr><td>……</td><td>……</td></tr>
<tr><td>19800~20000</td><td>100</td></tr>
<tr><td>>20000</td><td>100</td></tr>
<tr><td rowspan="4">坡度
权重：0.5</td><td>5° 以下</td><td>1</td></tr>
<tr><td>5° ~10°</td><td>10</td></tr>
<tr><td>10° ~25°</td><td>30</td></tr>
<tr><td>25° 以上</td><td>100</td></tr>
</table>

（资料来源：作者整理）

2）预景 2：基于底线生态安全格局的城市增长格局

预景 2 是基于底线生态安全格局的预景。该预景主要体现了在最低限度的生态基础设施规划得以执行的情况下城市空间可能的发展预景。该预景下城市空间发展受生态基础设施规划的制约，各类用地对城市扩张产生的阻力取决于生态基础设施规划所赋予的用地属性。

需要特别说明的是：在该预景中，低安全水平生态基础设施（低水平生态安全格局）的阻力值代表城市发展需要跨越该用地的难度，而非城市发展侵入该用地的难度，而高水平、中水平安全格局的用地则是可以被城市用地占用的。

基于以上假设，影响该预景城市空间发展的因子主要有：道路、地形（坡度）和生态安全格局。三个因子对城市空间扩张带来的阻力如表 4-2-3 所示：

基于生态安全格局的城镇扩张阻力表　　表 4-2-3

阻力因子	等级或类别	阻力值（0~100）
主要道路（依据距道路的距离分级）权重：0.3	0~200	1
	200~400	2
	400~600	3
	……	……
	19800~20000	100
	>20000	100
	……	100
坡度 权重：0.3	5° 以下	1
	5° ~10°	10
	10° ~25°	30
	25° 以上	100
生态安全格局 权重：0.4	低安全格局	100
	中安全格局	50
	高安全格局	30
	规划可建设用地	1

（资料来源：作者整理）

3）预景 3：基于满意生态安全格局的城市增长格局

预景 3 是基于满意生态安全格局的城市扩张模拟。它类似于预景 2，不同之处在于城市发展不可侵入中安全水平的生态基础设施用地（包括低安全水平生态基础设施用地和中安全水平生态基础设施用地），而高水平安全格局的用地是可以被城市发展所占用的。阻力表同预景 2。

4）预景 4：基于理想生态安全格局城市增长格局

预景 4 是基于高安全水平生态安全格局的城市扩张模拟。它同样类似于预景 2，不同之处在于城市发展不可侵入高安全水平的生态基础设施用地（包括低安全水平生态基础设施用地、中安全水平生态基础设施用地和高安全水平生态基础设施用地）。阻力表同预景 2。

5）预景 5：基于《北京市限建区规划》的城市增长格局

《北京市限建区规划》是在《北京城市总体规划（2004~2020 年）》首次提出“禁限建区”划分的规划理念以后，对北京市禁限建区的划分方法、划分标准及空间布局所开展的更进一步的研究与规划。《限建区规划》考虑的要素包括水、绿、环、地、文 5 大类别，通过对单一限制要素的分析，进而综合叠加得到限建分区，提出了分区规划导则，制定了规划方案。其规划结果将可能对城市建设用地布局具有指导作用。

本研究以限建区规划作为代表传统生态保护规划的预景方案，用来与基于生态安全格局的城镇扩张预景进行对比。

4.3　预景结果

《北京市土地利用总体规划（2006~2020 年）》通过对北京市社会经济发展与土地利用的关系分析，预测到 2020 年北京建设用地规模约为 3750~4320km^2，最后根据《北京城市总体规划（2004~2020 年）》的城市用地规模，最终将 2020 年北京市建设用地规模确定为 3800km^2。本研究根据规划方案的成果，以 3800 km^2 作为预景分析的依据。

利用 ArcGIS 软件的 Cost Distance 组件对上述预景设计进行模拟，可以得出城市在现有建成区（源）的基础上向外扩张的趋势面。在各趋势面上截取城镇扩张到 3800 km^2 的范围，得出彩图 39~ 彩图 43 的分析结果。

4.3.1　预景 1：“摊大饼”式发展——无生态约束条件下

如彩图 39 所示，在预景 1 中，北京城镇发展将呈现出“摊大饼”的发展趋势，中心城区继续向四周蔓延，并与亦庄、通州新城连城一片，顺义新城与中心城区之间也向着连片的趋势发展。由于城市的蔓延式扩张，原本在规划中应呈现出组团式发展的回龙观、大兴黄庄、房山、石景山等区域也与主城区连成一片，组团式格局基本消失。北京城市总体规划所规划的绿化隔离带在该预景中也被建设用地蚕食。

该预景中道路对建设用地扩张的影响较为明显，如中心城区向昌平方向发展的趋势、大兴向南的扩张趋势以及顺义向南扩张的趋势都呈现出道路对城市建设用地扩展的重要作用。

延庆、怀柔、密云、平谷等外围区县由于本身经济实力的影响，向外扩张的范围较小。而中心城区的发展则呈现出极化的趋势，建设用地新增面积主要发生在中心城区周边。

4.3.2 预景 2："城市中的生态基础设施"——基于底线生态安全格局

如彩图 40 所示，在预景 2 中，可供建设用地的土地面积约为 8605km^2，能够满足规划 3800km^2 的建设用地需求。预景 2 相对于预景 1 而言，由于部分城市建设用地被划为生态基础设施用地，所以在同等规模下建设用地向外扩散的范围更大。通州、亦庄、大兴、房山、回龙观等组团同样有与中心城区连为一片的趋势，但由于部分生态基础设施用地的阻隔，各组团间尚有部分空隙，没有完全连为一体。该预景中，生态基础设施只保留了最基本的骨架，所形成的生态网络较为脆弱，提供的生态系统服务十分有限；各城市组团虽然没有完全连片，但连片的趋势较为明显，如果控制不力，建设用地的大规模连片发展同样不可避免。因此，该预景也可以称之为"城市中的生态基础设施"。

该预景中，建设用地没有呈现出沿道路扩张的显著趋势，道路对建设用地扩张的影响在该预景中没有明显的体现。

由于生态基础设施规划严格的用地控制，中心城区向外扩张需要克服来自生态基础设施用地的较高的阻力，导致中心城区向外扩张相对放缓，而远郊区县的建设用地扩张较预景 1 有所增加。

该预景中各组团建设用地扩散的方向与预景 1 有部分差别，表现出不同的用地控制策略所带来的影响。相对于预景 1 而言，该预景建设用地扩张较为分散，而不是集中分布在中心城区周边。

4.3.3 预景 3："生态基础设施中的城市"——基于满意生态安全格局

如彩图 41 所示，在预景 3 中，可供建设用地的土地面积约为 4826km^2，能够满足规划 3800km^2 的建设用地需求。建设用地的扩张呈现出由生态基础设施规划所主导的发展态势，中心城区与周边的顺义、通州、亦庄、大兴、房山、石景山以及回龙观等组团被生态基础设施用地所分隔，形成中心－组团式发展格局。在该预景中，生态基础设施由核心区和缓冲区构成，基本上形成了完整的生态网络，并且在较高水平上维护了区域多种生态过程的连续性与完整性。比之预景 1，山区和远郊区的生态基础设施用地面积明显增加。由于生态基础设施用地的范围扩大，所以城市建设用地的范围较预景 2 更广，相对来说，远郊区和山区将有更多的土地成为建设用地。例如，建设用地继续向大兴、通州区的东南部，平谷区南部，房山区南部以及山前地区扩展。因此，该预景也可以称之为"生态基础设施中的城市"。

在该预景中，建设用地基本没有呈现出沿道路扩张的趋势，建设用地主要向四周进行发散式扩展。

在该预景中，由于远郊区县的发展余地较大，因此城镇建设用地的扩展速度也较中心城区更为迅速。

4.3.4　预景 4："田园城市"——基于理想生态安全格局

如彩图 42 所示，在该预景下，仅能提供约 2431km^2 的建设用地，这一规模小于现状建设用地规模，所以不能满足规划 3800km^2 的建设用地需求。区域内大量土地被划入生态基础设施而得到保护，生态基础设施网络连续而完整，能够持续地提供丰富的生态系统服务。一部分原有建设用地转变为生态基础设施用地，城区内生态环境得到显著改善。因此，该预景也可以被称之为"田园城市"。

在预景 4 中，城市建设用地扩张明显呈现出分散发展的趋势，区域内建设用地相对均匀分布。大量小规模的、分散的城镇组团之间由生态基础设施用地相隔。新增生态基础设施用地主要分布在远郊平原区，因此与预景 3 相比，建设用地向远郊区扩散的趋势不明显。中心城区与周边组团的规模差别不再显著。

在该预景中，建设用地基本没有呈现出沿道路扩张的趋势，建设用地主要向四周进行发散式扩展。

在该预景中，现有中心城区建设用地规模显著缩小，其他郊区组团变化不甚明显；新增城镇用地较均匀地分布在各个区县，且每个组团的规模较小。

4.3.5　预景 5：基于《北京市限建区规划》的城镇增长格局

根据《北京市限建区规划》提出的规划方案，北京市域范围内禁止城镇建设的土地面积为 13004km^2，可以进行城镇建设的土地面积为 3406km^2，其中 2937.3km^2 存在限制建设条件，468.7km^2 适宜建设。从这一数字上看，不能满足规划 3800km^2 的建设用地需求。

适宜建设区域除现状建成区外，主要分布在昌平东南部、顺义东部、大兴东部和通州南部以及房山东南部。中心城区与周边组团有绿色空间间隔，相对来说六环以内的建设用地组团规模较大，六环外的建设用地分散，规模较小，基本上维持了中心 – 组团式空间格局。

限建区规划考虑的要素包括水、绿、环、地、文 5 大类要素，一定程度上保护了重要的生态资源，规避了自然灾害，但缺点是各个限建要素相对分离，没有形成连续的网络系统（彩图 43）。

4.4　预景方案比较

5 种预景各有其优劣，本研究从城镇增长格局、生态安全维护、基本农田保护、用地规模这几个方面，采用定性与定量相结合的方法对上述 5 种预景进行比较分析，结果如表 4-4-1 所示：

各预景综合比较 表 4-4-1

<table>
<tr><th>预景</th><th>预景 1</th><th>预景 2</th><th>预景 3</th><th>预景 4</th><th>预景 5</th></tr>
<tr><td>含义</td><td>无生态约束下的城镇增长格局</td><td>基于底线生态安全格局的城镇增长格局</td><td>基于满意生态安全格局的城镇增长格局</td><td>基于理想生态安全格局的城镇增长格局</td><td>基于限建区规划的城镇增长格局</td></tr>
<tr><td>城镇增长格局</td><td>“摊大饼”式蔓延，周边组团与中心城连片发展，建设用地沿道路扩张趋势明显，远郊区县发展缓慢</td><td>建设用地间有少量生态基础设施用地，中心城区与周边组团几乎融为一体，远郊区县发展速度较快</td><td>建设用地呈中心组团式分布，组团间由生态基础设施用地相隔，远郊区县发展速度较快</td><td>建设用地被生态基础设施用地分割呈星群型或节点型发展。建设用地点缀在开放空间基质中，单个组团规模较小</td><td>建设用地被限建要素分割，呈星群型或节点型发展，单个建设用地组团规模较小</td></tr>
<tr><td rowspan="2">基本农田保护</td><td rowspan="2">耕地和基本农田较容易被建设用地所占用</td><td colspan="3">从保障城市生态安全角度划定了耕地和基本农田的保护范围，并赋予其多种生态服务功能</td><td rowspan="2">100.0% 的基本农田得到保护</td></tr>
<tr><td>24.1% 的基本农田得到保护</td><td>45.1% 的基本农田得到保护</td><td>100.0% 的基本农田得到保护</td></tr>
<tr><td>生态安全维护</td><td>城市建设占用了较多生态资源，生态效益较差</td><td>较好地保护了关键的生态安全格局，提供最基本的生态系统服务，但生态基础设施网络较脆弱</td><td>较好地保护了生态安全格局，提供较为丰富的生态系统服务，形成了完整的生态基础设施网络</td><td>最大限度地保护了生态安全格局，持续提供丰富的生态系统服务，形成了完整的生态基础设施网络</td><td>一定程度上保护了重要的生态资源，规避了自然灾害</td></tr>
<tr><td>用地规模</td><td>各类用地规模缺乏规划调控，建设用地快速扩张，生态用地和农用地被大量侵占</td><td>可提供建设用地和农用地约 8605km^2（占总用地 52.7%），可同时满足建设用地、生态用地、基本农田用地的要求</td><td>可提供建设用地和农用地约 4826km^2（占总用地 29.6%），可同时满足生态用地、建设用地、基本农田用地的要求</td><td>可提供建设用地约 2431km^2（占总用地 14.9%），在生态优先和严格保护基本农田的前提下，建设用地需做出让步</td><td>可提供建设用地约 3406km^2（占总用地 23%），在保护限建要素和基本农田的前提下，建设用地的用地需求无法满足</td></tr>
</table>

（资料来源：作者整理）

通过比较可以看到，预景 1 模拟了一种极端情况，即在没有任何规划约束的情况下，完全受经济规律支配可能出现的城镇空间形态。这种情况在现实中几乎是不可能发生的。该预景的意义在于警示我们：如果北京市继续按照沿主要交通基础设施无限制向外扩展的方式发展下去，没有任何生态调控措施，那么最终将由于建设用地过度侵占周边的生态用地，彻底摧毁区域自然生态系统的结构、功能与平衡，从而使城市失去可持续发展所必需的生态基础。

在预景2——基于“底线生态安全格局”的城镇发展格局下，由于底线生态安全格局得到了严格保护，因而保证了城市最基本的生态服务，构成了最低限度的生态基础设施核心网络。在该预景下，建设用地以中心城区为“源”，首先进行填充式扩展，然后沿主要交通干线向外扩展，建设用地中心城区与周边组团间有少量生态基础设施用地，形成了“生态基础设施位于城市建设用地之间”的格局。在“底线生态安全格局”下，可提供建设用地和农用地约8605km^2，能满足北京市土地利用总体规划预测的2020年3800km^{2}建设用地的要求，也可以同时满足建设用地、生态用地和基本农田用地的要求。

在预景3——基于“满意生态安全格局”的城镇发展格局下，由于生态安全格局得到了严格保护，所以保证了城市基本的生态服务，并形成了完整的生态基础设施网络。在该预景下，建设用地以中心城区为“源”，沿主要交通干线向外扩展，形成中心组团式布局。中心城区与周边组团间有生态基础设施用地，形成了“城镇坐落于生态基础设施之中”的格局。在满意生态安全格局下，可提供建设用地和农用地约4826km^2，能满足北京市未来建设用地的要求，也可以同时满足建设用地、生态用地和基本农田用地的要求。

在预景4——基于“理想生态安全格局”的城镇发展格局下，由于生态安全格局得到了最大限度的保护，因此可以保证生态系统服务的持续供给和有效恢复，并构成了最为理想的生态基础设施网络。在该预景下，一部分现状建设用地出于生态保护的要求需要对土地利用做出限制或进行搬迁，建设用地被大量生态基础设施用地环绕，形成了“田园郊区”的格局。在理想生态安全格局下，可提供建设用地和农用地约2431km^2，因此无法满足未来北京市土地利用总体规划预测的建设用地的要求。

在预景5——基于“禁限建区规划”的城镇发展格局下，由于限建要素的控制，大部分重要的生态资源得到了保护，自然灾害得以规避。在该预景下，建设用地在适宜建设区内分布，但在用地规模上只有3406 km^2，因此也无法满足未来城市空间发展的需求。

综上所述，预景2和预景3都满足了生态用地、农用地和建设用地等不同土地利用的用地需求。与预景5中的禁止城镇建设面积（13004 km^2）以及《北京市绿地系统规划》中所规定的绿色空间面积（14253.6 km^2）相比，预景2、3中生态安全格局所占用的面积更少。这一分析结果表明：基于生态安全格局的城镇发展格局，用较少的土地保障了较高的生态系统服务，同时满足了城镇发展用地需求，是一种更加精明的生态保护，也是对土地更为高效、集约的利用，为快速城镇化时期北京的城市空间发展提供了更加合理、可实施的规划和决策依据。在同样能满足各种用地需求的前提下，预景 3 能够更加有效地维护生态过程和生态系统服务，因此是本研究所推荐的规划方案。

结　语

实践表明，中国原有的城市发展模式是不可持续的，传统城市规划理论体系在解决中国快速城镇化过程中的许多重大问题上都力不从心。城市的低效扩张和无序蔓延，不仅对区域生态环境造成了严重损害，也进一步加剧了土地资源短缺的矛盾。2007年，党的十七大报告第一次正式提出了“生态文明”的发展理念，它反映了中国政府在发展理念和方式上的重要转变，即从单纯追求经济的高速增长，转变为在经济发展的同时，注意人与自然关系的协调。生态文明是我国政府在面对生态环境巨大挑战的背景下提出的，因此建设“生态文明”绝不仅仅是一句口号，它需要切实可行的措施来转变城市发展和建设模式，以应对可持续发展面临的诸多挑战。

“反规划”途径就是在这一宏观背景下提出的。“反规划”中的“反”是指城市发展应由生态基础设施来引导和限制，而不是相反。也就是说，生态基础设施通过主动地规划来提高多种生态系统服务，并合理地引导城市增长格局和城市形态。生态基础设施应作为主体功能区划中“禁止建设区域”、“限制建设区域”划定的基本科学依据，为我国国土空间的优化布局提供参考。“反规划”途径，特别是基于生态基础设施的城镇空间扩展的理论和方法，在景观城市主义和生态学、景观生态学之间，在自然资产、生态系统服务的概念和可持续发展之间架起了一座桥梁，是实现精明保护与精明增长的有效途径。它不仅是对中国可持续城镇化道路的有益探索，也是解决当前城市发展中现实问题的迫切需要，对促进中国城市可持续发展具有重要的理论意义和现实意义。

1. 生态底线旨在高效保护

目前，我国正处于城镇化、工业化、机动化“齐头并进”的发展阶段，大部分地区、特别是东中部地区，面临着土地资源紧缺、人地关系紧张的突出问题：一方面不合理的人类活动极大地改变了生态系统的结构，导致生态系统提供服务的能力降低，严重威胁着城市可持续发展和城乡居民的生活质量；另一方面，这些地区还面临着人口高速增长、经济快速发展的巨大压力，土地后备资源极度短缺；这两方面的需求反映在土地上，就是建设用地和生态用地之间在空间上的博弈，而且常常是造成双方面的用地紧张。

然而，面临着如此巨大的双重压力，传统城市规划理论和方法体系却存在着“低效保护”的问题：规划师对如何科学识别具有关键生态功能的土地不甚了解，而且常常根据头脑中的理想蓝图，在城市中盲目构筑所谓的“绿带”、“绿楔”和“绿心”，以为能起到生态保护的作用。殊不知，这样的做法使得本来不该保护的土地被严格“保护”起来，而具有关键生态功能的土地反而被侵占，难以应对生态保护与城镇空间扩展的双重压力。因此，如何实现对土地生命系统高效、清晰的保护，以较少的保护获得较大的生态效益，在保护城市基本生态安全的前提下，为城市留下更多的发展余地，避免城市扩张给生态系统带来毁灭性破坏，又为城市发展提供土地资源保障，就具有极为重要的现实意义和理论意义。

本研究认为实现这一目标的根本途径就是“反规划”，即：城市的发展建设规划必须以土地生态过程和格局为依据，优先进行“不建设区域”的规划与控制，在保证“不建设区域”得到保护的前提下，再根据社会经济发展的需要进行“建设用地”的规划和布局。

这个“不建设区域”就是本研究所论述的“生态底线”。在城市快速发展过程中，科学判别和保护城市的“生态底线”，以最高效的景观格局维护土地生态过程的连续性和完整性，并作为不可突破的刚性框架来引导城市用地布局，具有极其重要的现实意义。因为它不仅能够维护城市最基本的生态安全，形成提供多种关键生态服务的生态基础设施，而且为在有限的国土面积上实现生态与经济社会的协调发展，保障城市发展的土地后备资源，提供了根本的解决思路与途径。

因此，“反规划”和构筑城市扩张的“生态底线”是实现土地精明保护与高效利用的有效途径，它也为破解当前我国人地关系紧张、土地资源紧缺的难题提供了崭新的视角与方法。

“生态底线”的提法，强调了其在最低限度上维护城市生态安全的基础性、重要性、不可替代性和当前面临的巨大威胁。城市“生态底线”的科学实质就是“为城市乃至区域提供基本生态系统服务的关键性景观格局”，也就是维护生态系统服务的最关键、最高效的、不可替代的土地和空间格局。从这个定义出发，“生态底线”也就是“生态基础设施”中最关键的景观要素及其空间格局，是必须进行严格保护的内容。“生态基础设施”为城市及其居民提供了多种多样的生态系统服务，是城市规划和城乡土地利用布局中必不可少的“基础设施”。正如基本农田已成为我国维护粮食安全的底线一样，维护基本生态系统服务的生态基础设施也应该成为城市“生态安全的底线”，得到最为严格的保护。

2. 北京城市扩展必须敬畏生态底线

本研究将“反规划”、景观安全格局理论与地理信息系统技术相结合，提出了判别生态基础设施和城市“生态底线”的研究框架和方法论，并以北京市为例，展示了如何应用上述理论和方法对北京市生态基础设施和城镇增长格局进行研究和规划。本研究将为北京市土地利用格局优化、生态保育，以及世界生态城市和宜居城市的建设提供科学依据，具有重要的现实指导意义。

首先，通过对北京市自然、生物、人文景观现状的系统调查与分析，识别了北京市当前面临的主要生态挑战，即：水调节服务功能下降，地质灾害和水土流失风险较高，生物多样性不高，文化服务亟待保护等。并将水文调节、地质灾害防治、水土保持、生物多样性保护、文化遗产保护和游憩服务作为北京市的基本生态系统服务，也就是城市可持续发展所必须维持的基本生态功能。

其次，在 ArcGIS、RS 技术的支持下，基于景观安全格局、生态适宜性等分析方法，对上述关键生态过程和生态系统服务进行系统分析、模拟与评价，判别出维护单一生态过程安全的关键性空间格局，并构建北京市的综合水安全格局、地质灾害防治和水土保持安全格局、生物保护安全格局、文化遗产安全格局和游憩安全格局。这些格局分别提供了水文调节、水源保护、地质灾害防治、水土保持、生物多样性维护、文化遗产保护和文化传承、绿色游憩等生态系统服务。

最后，将单一过程的安全格局叠加，构建具有综合功能的北京市生态基础设施（生态安全格局），并划分为低、中、高三种安全水平。其中，底线生态安全格局用约 47% 的土地维护了最低限度的生态系统服务，是北京城市扩张的生态底线，即必须在未来的城市发展建设中予以绝对保护的土地，是城市生态可持续的基本保障。满意生态安全格局用约 70% 的土地保障了生态过程的连续性和完整性，提供了较为丰富的生态系统服务，是生态底线的缓冲区域，也应予以严格保护。理想安全格局用约 85% 的土地提供了最为丰富的生态系统服务，使区域生态环境逐步恢复，是理想的生态保护范围，在可实施的情况下应优先保护。

本研究还提出了北京市生态基础设施的九大实施战略：（1）充分发挥浅山区和山前冲积扇的综合生态功能；（2）恢复城市水系自然形态，完善河流生物廊道系统；（3）保护和恢复城郊和农村地区的湿地、坑塘和自然灌溉系统；（4）保护和恢复城乡连续的乡土生境和生物廊道系统；（5）建立乡土文化遗产的保护和体验网络；（6）建立安全便捷、连接城乡的绿色游憩道系统；（7）将耕地和基本农田作为北京市生态安全格局的有机组成部分；（8）改造城市绿地系统并使其成为生态安全格局的有机组成部分；（9）构建保障区域生态安全的北京市综合生态基础设施。这九大战略应积极纳入到北京市国民经济和社会发展规划，以及各级城乡规划中去，从而真正落实北京市生态基础设施，保障城市基本生态安全。

3. 通过生态安全格局规划实现精明保护与精明增长的有机结合

本研究将生态安全格局（生态基础设施）作为维护区域自然生态过程的关键性格局。同时，以生态安全格局（生态基础设施）作为刚性的景观框架，通过预景分析方法和GIS空间分析技术，来模拟北京未来城镇空间扩展可能出现的格局，并分析在没有生态规划调控以及不同生态规划调控的情况下，城镇扩展格局对维护城市生态安全、提供建设用地、保障基本农田等方面的影响，定量分析和评价不同的城镇发展格局预景在生态、经济、社会方面的综合效益，从而为选择合适的城市空间扩展格局及规划决策提供参考。

通过预景评价可以看到，基于"底线生态安全格局"的城镇发展格局，由于生态安全格局严格的用地控制，保证了城市最基本的生态服务，构成了最低限度的生态基础设施核心网络；建设用地以中心城区为核心，首先进行填充式扩展，然后沿主要交通干线向外扩展，建设用地中心城区与周边组团间有少量生态基础设施用地。在"底线生态安全格局"和"满意生态安全格局"这两种预景下，提供的建设用地和农用地总规模分别为8605km^2和4826km^2，能满足北京市土地利用总体规划预测的2020年3800km^2建设用地的要求，也可以同时满足建设用地、生态用地和基本农田保护的多种需求。与《北京市绿地系统规划》中所规定的绿色空间面积（14253.6 km^2）和《限建区规划》中的禁止城镇建设面积（13004 km^2）相比，生态安全格局所占用的土地更少，而且保护了关键生态过程的连续性和完整性，可认为是一种更加"高效"的保护。

因此，本研究通过对北京城镇增长格局的预景分析与评价，证明了生态基础设施（生态安全格局）是实现城市"精明保护"与"精明增长"的有效途径。也就是说，生态环境保护并不一定牺牲很多或更多的建设用地，不必以牺牲土地利用的经济价值为代价，城市扩展也不一定侵占关键性生态用地，不必破坏生态系统的基本结构和功能；而是可以通过科学合理的空间格局的设计，用尽可能少的土地，来获得尽量好的生态效益，最终实现土地的可持续利用。基于生态安全格局的城镇扩张预景揭示了如何在有限土地资源条件下，实现生态保护与经济社会发展协调同步发展的可能性。

生态基础设施（生态安全格局）与传统的绿带规划、禁限建区规划，在指导思想、内容重点、划分方法、空间布局和边缘形态等方面存在着本质差异。生态安全格局可以提供明确的空间布局方案和土地利用优化建议，成果具有较强的可操作性和应用性，可直接指导城乡空间布局和生态建设。将生态基础设施（生态安全格局）与城市总体规划、土地利用规划、限建区规划、城市"绿线"规划相结合，作为它们的科学基础和核心内容，是生态基础设施（生态安全格局）对城乡规划和土地利用规划的重要贡献。

参考文献

1 中文

[1] 保护中国生物多样性.北京市动物物种名录检索.http：//www.chinabiodiversity.com/，2005-06-04.

[2] 北京市北运河管理处，北京市城市河湖管理处.北运河水旱灾害.北京：中国水利水电出版社，2003.

[3] 北京市潮白河管理处.潮白河水旱灾害.北京：中国水利水电出版社，2004.

[4] 北京市规划委员会.北京市“十一五”时期历史文化名城保护规划.2007-11-16 [2008-12-31]. http：//www.bjghw.gov.cn/ghzt/15.asp.

[5] 北京市国土资源和房屋管理局.北京市地质灾害防治总体规划（2001-2015）.[2009-7-11]. http：//www.bjgtj.gov.cn/publish/portal0/tab1769/info3715.htm.

[6] 北京市环保局.北京市密云水库怀柔水库和京密引水渠水源保护管理条例.[2009-8-30]. http：//www.bjepb.gov.cn/bjhb/publish/portal0/tab410/info13758.htm.

[7] 北京市环保局网站.北京市自然保护区目录.[2009-8-30].http：//www.bjepb.gov.cn/bjhb/publish/portal0/default.htm.

[8] 北京市计划委员会国土处，北京市测绘院.北京市国土资源地图集.北京：测绘出版社，1990.

[9] 北京市水利局.北京水旱灾害.北京：中国水利水电出版社，1999.

[10] 北京市水务局.北京市水资源公报（2007 年度）.2008-10-28.[2009-7-11].http：//www.bjwater.gov.cn/Portals/0/image/2007szygb.pdf

[11] 北京市水务局.北京市水资源公报（2009 年度）.2010-08-18.[2011-04-06].http：//www.bjwater.gov.cn/Portals/0/image/2009 年 szygb.doc

[12] 北京市水务局,北京市发改委.北京市“十一五”时期水资源保护及利用规划.[2009-7-11]. http：//www.beijing.gov.cn/zfzx/ghxx/sywgh/t662749.htm.

[13] 北京市统计局.北京 2008 年度统计年鉴.[2009-7-11].http：//www.bjstats.gov.cn/tjnj/2008-tjnj/.

[14] 北京市园林绿化局，北京市农业局.北京市重点保护野生植物名录，2008-03-10.

[15] 蔡其侃 . 北京鸟类志 . 北京：北京出版社，1988.

[16] 曹丽敏，司马永康，曹利民，王博轶，王跃华 . 保护生物学概述 . 云南大学学报（自然科学版），2001，23（植物学专辑）：65–70.

[17] 朝阳区水利局 . 朝阳区水旱灾害 . 北京：中国水利水电出版社，2004.

[18] 车伍，申丽勤，李俊奇 . 城市道路设计中的新型雨洪控制利用技术 . 公路，2008（11）：30–34.

[19] 陈昌笃，林文棋 . 北京的珍贵自然遗产——植物多样性 . 生态学报，2006，26（4）：969–979.

[20] 陈利顶，吕一河，田惠颖，施茜 . 重大工程建设中生态安全格局构建基本原则和方法 . 应用生态学报，2007，8（3）：674–680.

[21] 崔承印 . 对北京人口规模的反思与认识 . 北京规划建设，2006（4）：67–69.

[22] 陈琳，奚雪松 . 美国慢行道系统评述及启示 . 国际城市规划，2010（4）：50–55，59.

[23] 陈卫，高武，傅必谦 . 北京兽类志 . 北京：北京出版社，2002.

[24] 陈卫，胡东，付必谦等 . 北京湿地生物多样性研究 . 北京：科学出版社，2007.

[25] 陈晓，王志农，郭佳 . 北京市风景名胜区生物多样性保护研究 . 中国园林，2003（8）：60–63.

[26] 陈星，周成虎 . 生态安全——国内外研究进展 . 地理科学进展，2005，24（6）：8–20.

[27] 陈星 . 区域生态安全空间格局评价模型的研究 . 北京林业大学学报，2008，30（1）：21–28.

[28] 董伟，张向晖，苏德等 . 生态安全预警进展研究 . 环境科学与技术，2007（12）：97–99.

[29] 杜涛，于秀治，韦京莲 . 北京市地质灾害状况及制定地质环境管理办法论证 . 中国地质灾害与防治学报，2003，14（3）：39–43.

[30] 段天顺 . 关于北京河湖整治的思考和建议 . 北京城市规划，1999（7）：13–23.

[31] 方淑波，肖笃宁，安树青 . 基于土地利用分析的兰州市城市区域生态安全格局研究 . 应用生态学报，2005，16（12）：2284–2290.

[32] 丰台区水利局 . 丰台水旱灾害 . 北京：中国水利水电出版社，2003.

[33] 冯维波，秦趣，杨锐 . 重庆都市区生态基础设施品质演化特征 . 重庆工学院学报（社会科学版），2008，22（10）：47–51.

[34] 高启晨，陈利顶，吕一河等 . 西气东输工程沿线陕西段区域生态安全格局设计研究 . 水土保持学报，2005，19（4）：164–169.

[35] 辜永河 . 白鹭的栖息地与取食行为的研究 . 动物学杂志，1996，31（3）：23–24.

[36] 关文彬，谢春华，马克明等 . 景观生态恢复与重建是区域生态安全格局构建的关键途径 . 生态学报，2003，23（1）：64–73.

[37] 郭明，肖笃宁，李新 . 黑河流域酒泉绿洲景观生态安全格局分析 . 生态学报，26（2），

2006：457–466.

[38] 韩西丽 . 从绿化隔离带到绿色通道——以北京市绿化隔离带为例 . 城市问题，2004（2）：27–31.

[39] 何春阳，史培军，陈晋等 . 北京地区土地利用 / 覆盖变化研究 . 地理研究，2001，20（06）：679–687.

[40] 贺士元，邢其华 . 北京植物志 . 北京：北京出版社，1984.

[41] 胡锦涛 . 高举中国特色社会主义伟大旗帜为夺取全面建设小康社会新胜利而奋斗：在中国共产党第十七次全国代表大会上的报告 . 北京：人民出版社，2007.

[42] 胡望舒，王思思，李迪华 . 基于焦点物种的北京市生物保护安全格局规划 . 生态学报，2010，30（16）：4266–4276.

[43] 黄国平 . 景观安全格局理论在风景区规划中的应用——以湖南省武陵源风景名胜区为例 . 北京大学硕士学位论文，2002.

[44] 黄润，葛向东 . 六安市生态安全关键地段的识别与分析 . 地理与地理信息科学，2005，16（12）：2284–2290.

[45] 黄勇，张琳，杨剑虹，徐恢仲等 . 白鹭生活习性与繁殖性能的观察 . 野生珍禽，1999（4）：1820.

[46] 霍亚贞 . 北京自然地理 . 北京：北京师范学院出版社，1989.

[47] 贾彩彦 . 大都市人口发展战略及管理体制的问题与思考——对改革开放 30 年上海人口的研究 . 特区经济，2009（7）：43–45.

[48] 建设部综合财务司 . 中国城市建设统计年鉴 2007.[2009–09–07].http：//www.bjinfobank.com/IrisBin/Text.dll?db=TJ&no=421042&cs=479505&str= 北京 + 建成区 + 面积 .

[49] 江洪，马克平，张艳丽等 . 基于空间分析的保护生物学研究 . 植物生态学报，2004，28（04）：562–578.

[50] 靳怀成 . 北京地区的水土流失及其防治 . 水土保持研究，2001，8（4）：154–157.

[51] 匡文慧，邵全琴，刘纪远等 .1932 年以来北京主城区土地利用空间扩张特征与机制分析 . 地球信息科学学报，2009，11（04）：428–435.

[52] 李博 . 基于景观过程的城市空间扩展生态风险研究——以杭州市为例 . 北京大学博士学位论文，2009.

[53] 李春波 . 基于生态基础设施的北京城市空间发展预景研究 . 北京大学硕士学位论文，2007.

[54] 黎晓亚，马克明，傅伯杰等 . 区域生态安全格局：设计原则与方法 . 生态学报，2004，24（5）：1055–1062.

[55] 李方满 . 镜泊湖地区雉鸡密度调查 . 中国林副特产，1997（4）：52–54.

[56] 李玲玲，宫辉力，赵文吉 .1996–2006 年北京湿地面积变化信息提取与驱动因子分析 . 首

都师范大学学报（自然科学版），2008，29（3）：95-101.

[57] 李伟，俞孔坚，李迪华．遗产廊道与大运河整体保护的理论框架．城市问题，2004（1）：28-31.

[58] 李晓文,张玲,方精云．指示种、伞护种与旗舰种：有关概念及其在保护生物学中的应用．生物多样性，2002，10（1）：72-79.

[59] 李晓文，胡远满，肖笃宁．论自然保护与资源开发的策略．生态学杂志，1999，18（5）：45-51.

[60] 李月辉,胡志斌,高琼等．沈阳市城市空间扩展的生态安全格局．生态学杂志,2007,26(6)：875-881.

[61] 李宗尧，杨桂山，董雅文．经济快速发展地区生态安全格局的构建——以安徽沿江地区为例．自然资源学报，2007，22（1）：106-113.

[62] 廖继武，孙武，彭素梅．海南东方八所镇城镇空间扩张及其发展研究．社会科学家，2005，（5）：444-447.

[63] 刘海龙,李迪华,韩西丽．生态基础设施概念及其研究进展综述．城市规划,2005,29（9）：70-75.

[64] 刘海龙．基于生态基础设施的城市空间发展格局．北京大学博士学位论文，2005.

[65] 刘红，王慧，张兴卫．生态安全评价研究述评．生态学杂志，2006，25（1）：74-78.

[66] 刘吉平，吕宪国，杨青等．三江平原东北部湿地生态安全格局设计．生态学报，2009，29（3）：1083-1090.

[67] 刘家明，王润．北京游憩土地的配置与管理对策研究——基于国际视角．人文地理，2009，24（2）：107-111.

[68] 刘肖骢，康慕谊．试析我国城市绿地系统的功能及其发展对策——以北京市为例．中国人口·资源与环境，2001，11（4）：87-89.

[69] 罗红梅，车伍，李俊奇等．新农村雨洪管理及利用适用技术体系．中国农村水利水电，2007（7）：40-43.

[70] 马克明，傅伯杰，黎晓亚等．区域生态安全格局：概念与理论基础．生态学报，2004，24（4）：761-768.

[71] 闵希莹，杨保军．北京第二道绿化隔离带与城市空间布局．城市规划，2003（9）：17-21.

[72] 牟凤云，张增祥，迟耀斌等．基于多源遥感数据的北京市1973—2005年间城市建成区的动态监测与驱动力分析．遥感学报，2007，11（2）：257-268.

[73] 倪喜军，郑光美，张正旺等．雉鸡营巢生境的模拟分析研究．生态学报，2001，21（6）：969-977.

[74] 欧阳志云,李伟峰,Juergen Paulussen 等．大城市绿化控制带的结构与生态功能．城市规划，2004，28（4）：41-45.

[75] 欧志丹，程声通，贾海峰 . 情景分析法在赣江流域水污染控制规划中的应用 . 上海环境科学，2003，22（8）：568–572.

[76] 牛兰兰，丁国栋 . 北京市土地资源可持续利用研究 . 水土保持研究，2006（05）：175–179.

[77] 钮心毅，宋小冬，高晓昱 . 土地使用情景：一种城市总体规划方案生成与评价的方法 . 城市规划学刊，2008，176（4）：64–69.

[78] 朴妍，马克明 . 北京城市建成区扩张的经济驱动：1978—2002. 中国国土资源经济，2006，（7）：34–37.

[79] 平谷区水资源局 . 平谷水旱灾害 . 北京：中国水利水电出版社，2002：1–132.

[80] 钱易，刘昌明，邵益生 . 中国可持续发展水资源战略研究报告集第 5 卷：中国城市水资源可持续开发利用 . 北京：中国水利水电出版社，2002.

[81] 乔大山，冯兵，翟慧敏 . 桂林遗产保护规划新方法初探——构建漓江遗产廊道 . 旅游学刊，2007，11（22）：28–31.

[82] 秦喜文，张树清，李晓峰等 . 基于证据权重法的丹顶鹤栖息地适宜性评价 . 生态学报，2009，29（3）：1074–1082.

[83] 邱强 ."反规划" 理念在山地城市空间拓展中的应用——以重庆都市区规划为例 . 规划师，2006，22（4）：26–29.

[84] 石春芳，赵明华 . 鸟类——城市生态环境的指示种 . 内蒙古科技与经济，2005（3）：125–126.

[85] 石进朝，解有利 . 北京园林绿地植物使用现状看城市园林植物的多样性 . 中国园林，2003（1）：75–77.

[86] 史培军，袁艺，陈晋 . 深圳市土地利用变化对流域径流的影响 . 生态学报，2001，21（7）：1041–1049.

[87] 施中楚 . 世界现代田园城市规划建设理念再认识 . 成都日报，2010–09–14.

[88] 首都园林绿化政务网 . 北京市湿地发展建设 .[2009–7–11].http：//www.bjyl.gov.cn/outside/stjs_list.jsp?faColumnID=11526007300001&chColumnID=11526044160001&gsColumnID=11526060740001&ArticleID=11241604280001，2005–08–16.

[89] 首都园林绿化政务网 . 北京市风景名胜区概况 .[2009–7–11].http：//www.bjyl.gov.cn/bjyl–outside/stjs/stjs_List.jsp?faColumnID=11526044160001&childColumnID=12106680350001.

[90] 首都园林绿化政务网 . 北京市森林公园基本情况一览表 .[2009–7–11].http：//www.bjyl.gov.cn/bjyl–outside/includes/articleContent.jsp?cmArticleID=11249453900001.

[91] 宋秀杰，郑希伟 . 北京市生态环境现状及生态保护发展战略探讨 . 环境保护，2001（3）：30–32.

[92] 孙强，蔡运龙，王乐 . 北京市耕地流失的时空特征与驱动机制 . 资源科学，2007，

29（4）：158-163.

[93] 孙亚杰，王清旭，陆兆华．城市化对北京市景观格局的影响．应用生态学报，2005，16（07）：1366-1369.

[94] 谈绪祥．始于“反规划”——北京城市总体规划修编办主任谈绪祥十说新总规．北京规划建设，2005（2）：60-64.

[95] 汤姆·特纳著，王珏译．景观规划与环境影响设计．北京：中国建筑工业出版社，2006.

[96] 汪劲柏．城市生态安全空间格局研究．同济大学硕士学位论文，2006.

[97] 王军．城记．上海：三联书店出版社，2003.

[98] 汪洋，赵万民，段炼．生态基础设施导向的区域空间规划战略——广州市萝岗区实证研究．中国园林，2009（04）：59-63.

[99] 汪洋，赵万民，杨华．基于多源空间数据挖掘的区域生态基础设施识别模式研究．中国人口．资源与环境，2007，17（06）：72-76.

[100] 王棒，关文彬，吴建安等．生物多样性保护的区域生态安全格局评价手段——GAP分析．水土保持研究，2006，13（1）：192-196.

[101] 王博，陈小麟，林清贤等．厦门鹭类集群营巢地分布及其生境特性的研究．厦门大学学报（自然科学版），2005，44（5）：734-727.

[102] 王鸿媛．北京鱼类和两栖、爬行动物志．北京：北京出版社，1994.

[103] 王立，邓梦．道路交通对城市空间形态的影响．城市问题，2003，（1）：25-28.

[104] 王睿，周均清．城市规划中的情景规划方法研究．国际城市规划，2007，22（2）：89-92.

[105] 王思思，李婷，董音．北京市文化遗产空间结构分析及遗产廊道网络构建．干旱区资源与环境，2010，24（06）：51-56.

[106] 王肖宇，陈伯超，毛兵．京沈清文化遗产廊道研究初探．重庆建筑大学学报，2007，29（2）：26-30.

[107] 王肖宇，陈伯超．美国国家遗产廊道的保护——以黑石河峡谷为例．世界建筑，2007，（7）：124-126.

[108] 王云才，郭焕成．略论大都市郊区游憩地的配置——以北京市为例．旅游学刊，2000，（2）：54-58.

[109] 王志芳，孙鹏．遗产廊道——一种较新的遗产保护方法．中国园林，2001，17（5）：85-88.

[110] 吴承忠．明清北京休闲地理研究．北京大学博士学位论文，2004.

[111] 吴良镛，武廷海．从战略规划到行动计划——中国城市规划体制初论．城市规划，2003（12）：13-17.

[112] 吴佩林，鲁奇，王国霞．近20年来北京市耕地面积变化及其相关社会经济驱动因素分

析 . 中国人口资源与环境，2004，14（3）：109–115.

[113] 吴其付 . 藏彝走廊与遗产廊道构建 . 贵州民族研究，2007，116（22）：48–53.

[114] 夏洁 . 生态安全格局研究 . 北京大学硕士学位论文，2004.

[115] 肖笃宁，陈文波，郭福良 . 论生态安全的基本概念和研究内容 . 应用生态学报，2002，13（3）：354–358.

[116] 信丽平，姚亦锋 . 南京城市西部遗产廊道规划 . 城市环境与城市生态，2007，20（2）：35–38.

[117] 许彦曦，陈凤，濮励杰 . 城市空间扩展与城市土地利用扩展的研究进展 . 经济地理，2007，27（2）：296–301.

[118] 阎水玉，王祥荣 . 生态系统服务研究进展 . 生态学杂志，2002，21（5）：61–68.

[119] 杨保军 . 直面现实的变革之途——探讨近期建设规划的理论与实践意义 . 城市规划，2003，（3）：5–9.

[120] 叶芝菡，刘宝元，章文波等 . 北京市降雨侵蚀力及其空间分布 . 中国水土保持科学，2003（3）：16–20.

[121] 尹钧科 . 关于保护北京古都风貌的几点建议 . 北京联合大学学报，2001，15（1）：15–17.

[122] 俞孔坚 . 理想景观探源：风水与理想景观的文化意义 . 北京：商务印书馆，1998a.

[123] 俞孔坚，李迪华，段铁武 . 生物多样性保护的景观规划途径 . 生物多样性，1998b，6（03）：205–211.

[124] 俞孔坚 . 景观生态战略点识别方法与理论地理学的表面模型 . 地理学报，1998c，53S（S1）：11–20.

[125] 俞孔坚 . 生物保护的景观生态安全格局 . 生态学报，1999，19（01）：8–15.

[126] 俞孔坚，李迪华，潮洛濛 . 城市生态基础设施建设的十大景观战略 . 规划师，2001，（6）：9–17.

[127] 俞孔坚 . 论“反规划”与城市生态基础设施建设 . 杭州城市绿色论坛论文集，中国美术学院出版社，2002.

[128] 俞孔坚，李迪华 . 城市河道及滨水地带的“整治”与“美化”. 现代城市研究，2003（5）：29–32.

[129] 俞孔坚，李迪华，李伟 . 论大运河区域生态基础设施战略和实施途径 . 地理科学进展，2004，23（1）：1–12.

[130] 俞孔坚，李迪华，韩西丽 . 论“反规划”. 城市规划，2005a，29（9）：64–69.

[131] 俞孔坚，李迪华，刘海龙 .“反规划”途径 . 北京：中国建筑工业出版社，2005b.

[132] 俞孔坚，李迪华，刘海龙等 . 基于生态基础设施的城市空间发展格局——“反规划”之台州案例 . 城市规划，2005c，29（9）：76–80.

[133] 俞孔坚，李伟，李迪华等．快速城市化地区遗产廊道适宜性分析方法探讨——以台州市为例．地理研究，2005d，24（01）：69–76.

[134] 俞孔坚，黄刚，李迪华等．景观网络的构建与组织——石花洞风景名胜区景观生态规划探讨．城市规划学刊，2005e，（3）：76–81.

[135] 俞孔坚，朱强，李迪华．中国大运河工业遗产廊道构建：设想及原理（上篇）．建设科技，2007a，（11）：28–31.

[136] 俞孔坚，韩西丽，朱强．解决城市生态环境问题的生态基础设施途径．自然资源学报，2007b，22（05）：808–816.

[137] 俞孔坚，李博，李迪华．自然与文化遗产区域保护的生态基础设施途径——以福建武夷山为例．城市规划，2008a，32（10）：88–91.

[138] 俞孔坚，奚雪松，王思思．基于生态基础设施的城市风貌规划——以山东省威海市城市景观风貌研究为例．城市规划，2008b，32（03）：87–92.

[139] 俞孔坚，乔青，袁弘等．科学发展观下的土地利用规划方法——北京市东三乡之“反规划”案例．中国土地科学，2009a，23（3）：24–30.

[140] 俞孔坚，王思思，李迪华等．北京市生态安全格局及城市增长预景．生态学报，2009b，29（3）：1189–1204.

[141] 俞孔坚，奚雪松，李迪华等．中国国家线性文化遗产网络构建．人文地理，2009c，24（3）：11–16.

[142] 俞孔坚，乔青，李迪华等．基于景观安全格局分析的生态用地研究——以北京市东三乡为例．应用生态学报，2009d，20（8）：1932–1939.

[143] 俞孔坚，李海龙，李迪华等．国土尺度生态安全格局．生态学报，2009e，29（10）：5163–5175.

[144] 俞孔坚，袁弘，李迪华等．北京市浅山区土地可持续利用的困境与出路．中国土地科学，2009f，23（11）：3–8.

[145] 俞孔坚，王思思，李迪华等．北京城市扩张的生态底线——基本生态系统服务及其安全格局．城市规划，2010a，34（2），19–24.

[146] 俞孔坚，王思思，乔青．基于生态基础设施的北京市绿地系统规划策略．北京规划建设，2010b，（3）：54–58.

[147] 袁牧．东京“历史文化散步道”与北京“历史文化散步道”．清华大学硕士学位论文，1993.

[148] 岳升阳．京西绿化带建设与传统景观保护．北京规划建设，2000（3）：17–20.

[149] 臧敏．北京城市积涝的减灾措施和对策研究．北京水务，2009（2）：4–6.

[150] 张坤．北京市小西山可进入性评价．北京大学硕士学位论文，2010.

[151] 张林源，张志明，胡严．北京城市野生动物栖息环境的现状与对策．绿化与生活，

2003（6）：8-9.

[152] 张文广，唐中海，齐敦武等．评估动物栖息地适宜性的两种方法比较：以大相岭山系大熊猫种群为例．生态学杂志，2006，25（12）：1465-1469.

[153] 赵洪峰，雷富民．鸟类用于环境监测的意义及研究进展．动物学杂志，2002，37（6）：74-78.

[154] 赵立军，陈焕伟，洪敏等．基于缓冲区分析的北京城市用地扩展研究．山东农业大学学报（自然科学版），2005，36（4）：564-568.

[155] 赵士洞，张永民．生态系统与人类福祉——千年生态系统评估的成就、贡献和展望．地球科学进展，2006，21（9）：895-902.

[156] 赵燕菁．高速发展与空间演进——深圳城市结构的选择及其评价．城市规划，2004，28（6）：32-42.

[157] 郑光，张词祖．中国野鸟．北京：中国林业出版社，2002.

[158] 郑光美．中国濒危雉类生态学研究进展．生物学通报，2004，39（1）：1-3.

[159] 郑媛．剑门蜀道遗产廊道规划初探．生态经济，2006，（5）：115-119.

[160] 周翠宁，任树梅，闫美俊．曲线数值法（SCS 模型）在北京温榆河流域降雨－径流关系中的应用研究．农业工程学报，2008，24（3）：87-90.

[161] 周年兴，俞孔坚，黄震方．绿道及其研究进展．生态学报，2006，26（9）：3108-3116.

[162] 周文华，王如松．城市生态安全评价方法研究——以北京市为例．生态学杂志，2005（07）：848-852.

[163] 周文华，王如松．基于熵权的北京城市生态系统健康模糊综合评价．生态学报，2005（12）：3244-3251.

[164] 周文华，张克锋，王如松．城市水生态足迹研究——以北京市为例．环境科学学报，2006（09）：1524-1531.

[165] 朱强，俞孔坚，李迪华．景观规划中的生态廊道宽度．生态学报，2005，25（9）：2406-2412.

[166] 宗跃光，徐建刚，尹海伟．情景分析法在工业用地置换中的应用——以福建省长汀腾飞经济开发区为例．地理学报，2007，62（8）：887-896.

[167] 邹长新，沈渭寿．生态安全研究进展．农村生态环境，2003，19（1）：56-59.

2 英文

[1] Adriaensen，F.，Chardon，J.P.，De Blust，G.，Swinnen，E.，Villalba，S.，Gulinck，H.，Matthysen，E.，2003.The application of ‘least-cost’ modelling as a functional landscape model.Landscape Urban Plan.，64，233-247.

[2] Ahern，J.，1991.Planning and design for an extensive open space system：linking landscape structure to function.Landscape Urban Plan.，21，131–145.

[3] Ahern，J.，1995.Greenways as a Planning Strategy.Landscape and Urban Planning，33，131–155.

[4] Ahern，J.，2002.Greenways as Strategic Landscape Planning：Theory and Application. Wageningen University，The Netherlands.

[5] Ahern，J.，2007.Green infrastructure for cities：The spatial dimension，in：Novotny V.，Brown P.（Eds.），Cities of the Future Towards Integrated Sustainable Water and Landscape Management.London：IWA Publishing，267–283.

[6] Ahern，J.，2009.Greenways as strategic landscape planning for linear landscapes.Landscape Architecture China，6，28–39.（in Chinese）.

[7] Amati，M.，Yokohari，M.，2006.Temporal changes and local variations in the functions of London's green belt.Landscape Urban Plan.，75，125–142.

[8] Arthur，W.Allen，1987.Habitat suitability index models：Mallard.Washington：National Ecology Center.

[9] ASLA，2005.The Announcement of 2005 ASLA Professional Awards.Available from：http：//www.asla.org/awards/2005/05winners/entry_075.html> [accessed in 18 September，2009].

[10] Banai–Kashani，R.，1989.A new method for site suitability analysis：The analytic hierarchy process.Environ.Manage.，13，685–693.

[11] Bennett，G.，1994.A conceptual framework for nature conservation in Europe，in：Bennett G.（Eds.），Conserving Europe's Natural Heritage：Towards a European Ecological Network. London：Graham & Trotman.

[12] Benedict，M.A.，McMahon E.T.，2006.Green Infrastructure：Linking Landscapes and Communities.Washington：Island Press.

[13] Bishoff，N.T.，Jongman，R.H.G.，1993.Development of Rural Landscape.Washington DC：USDI National Park Service.

[14] Birds，Mammals，and Amphibians of Latin America.Anas platyrhynchos–Mallard.http：//www.natureserve.org/infonatura/servlet/InfoNatura?searchName=Anas+platyrhynchos/，2005–06–28.

[15] Blumenfeld，H.，1949.Theory of city form，past and present.J.Soc.Architect.Historians，8，7—16.

[16] Bohemen，H.，2002.Infrastructure，ecology and art.Landscape Urban Plan.，59，187–201.

[17] Brooker L.，2002.The application of focal species knowledge to landscape design in agricultural lands using the ecological neighbourhood as a template.Landscape and Urban Planning，60：185–210.

[18] Brooks, T., Kennedy, E., 2004.Conservation biology: Biodiversity barometers.Nature, 431, 1046–1047.

[19] Buuren, M.van, Kerkstra K., 1993.The framework concept and hydrological landscape structure: a new perspective I the design of multifunctional landscape, in: Vos C.C., Opdam P.(Eds.), Landscape Ecology of A Stressed Environment.London: Chapman & Hall, 219–243.

[20] Cameron C., 1993.The challenges of historic corridor.Cultural Resource Management, 16(11), 5–7, 60.

[21] Caro T.M., O' Doherty G., 1999.On the Use of Surrogate Species in Conservation Biology. Conservation Biology, 13(4), 805–814.

[22] Caro, T., 2000.Focal species.Conservation Biology, 14(6), 1569–1570.

[23] Cheng, J.Q., Masser, I., 2003.Urban growth pattern modeling: a case study of Wuhan city, PR China.Landscape Urban Plan., 62, 199–217.

[24] Cook, E., vanLier, H., 1994.Landscape planning and ecological networks.Netherlands: Elsevier Science B.V.

[25] Corner, J., 1999.Recovering Landscape as a Critical Cultural Practice, in: Corner, J.(Eds), Recovering Landscape: Essays in Contemporary Landscape Architecture.New York: Princeton Architectural Press.

[26] Corner, J., 2006.Terra Fluxus, In: Waldheim, C.(Eds.), The Landscape Urbanism Reader.New York: Princeton Architectural Press, 21–34.

[27] Costanza, R., Daily, H.E., 1992.Natural capital and sustainable development.Conservation Biology, 6, 37–46.

[28] Costanza R, dArge R, deGroot R, et al., 1997.The value of the world's ecosystem services and natural capital.Nature, 387(6630): 253–260.

[29] Daily, G.C., 1997.Introduction: what are ecosystem services.In: Daily, G.C.(Ed.), Nature's Services.Island Press, Washington DC, 1–10.

[30] Daily, G..C., 2000.Management objectives for the protection of ecosystem services.Environ.Sci., Policy 3, 333–339.

[31] Daily, G.C., Söderqvist, T., Aniyar, S., Arrow, K., Dasgupta, P., Ehrlich, P.R., Folke C., Jansson, A., Jansson, B., Kautsky, N., Levin, S., Lubchenco, J., Mäler, K., Simpson, D., Starrett, D., Tilman, D., Walker, B., 2000.The value of nature and the nature of value. Science, 289, 395–396.

[32] De Groot, R.S., 2006.Function analysis and valuation as a tool to assess land use conflicts in planning for sustainable, multi–functional landscapes.Landscape Urban Plann., 75, 175–186.

[33] De Groot, R.S., Wilson, M.A., Boumans, R.J., 2002.A typology for description, classification and valuation of ecosystem functions, goods and services.Ecol.Econ., 43 (3), 393–401.

[34] Diamant R., 1991.National Heritage Corridors: Redefining the Conservation Agenda of the 90s. The George Wright Forum, 8 (2): 13–16.

[35] Eycott, A., Watts K., Moseley D., Ray D., 2007.Evaluating Biodiversity in Fragmented Landscapes: The Use of Focal Species (on line).Available from: http://www.forestry.gov.uk/pdf/fcin089.pdf/$FILE/fcin089.pdf [Accessed in September, 2009].

[36] Fabos, J.G., 2004.Greenway planning in the United States: its origins and recent case studies. Landscape Urban Plan., 68, 321–342.

[37] Favreau, J.M., Drew, C.A., Hess G R, et al., 2006.Recommendations for assessing the effectiveness of surrogate species approaches[J].Biodiversity and Conservition, 15, 3949–3969.

[38] Fedorowick, J.M., 1993.A landscape restoration framework for wildlife and agriculture in the rural landscape.Landscape Urban Plan., 27, 7–17.

[39] Ferreras, P., 2001.Landscape structure and asymmetrical inter–patch connectivity in a metapopulation of the endangered Iberian lynx.Biol.Cons., 100, 125–136.

[40] Forman, R., Godron M., 1986.Landscape Ecology.John Wiley and Sons, Inc., New York.

[41] Forman, R.1995.Land Mosaics: The Ecology of Landscapes and Regions.Cambridge: Cambridge University Press.

[42] Forman, R., Collinge, S., 1997.Nature conserved in changing landscapes with and without spatial planning.Landscape Urban Plan., 37, 129–135.

[43] Freudenberger, D., Brooker, L., 2004.Development of the focal species approach for biodiversity conservation in the temperate agricultural zones of Australia.Biodiversity and Conservation, 13 (1), 253–74.

[44] Frey, H.W., 2000.Not green belts but green wedges: the precarious relationship between city and country.Urban Design Int., 5 (1), 13–25.

[45] Gaubatz, P., 1999.China's urban transformation: patterns and process of morphological change in Beijing, Shanghai and Guangzhou, Shanghai and Guangzhou.Urban Stud., 36 (9), 1495–1521.

[46] Graham, C.H., 2001.Factors influencing movement patterns of keel–billed toucans in a fragmented tropical landscape in southern Mexico.Cons.Biol., 15, 1789–1798.

[47] Guo, M., Li, X., Xiao, D., 2005.Ecological security pattern analysis of Jiuquan oasis using remote sensing and GIS, Geoscience and Remote Sensing Symposium.IGARSS'05.Proceedings.2005 IEEE International, 25–29 July 2005, 1867–1870.

[48] Haines–Young, R., 2000.Sustainable development and sustainable landscapes: defining a new paradigm for Landscape Ecology.Fennia, 178（1）, 7–14.

[49] Hess, G.R., King T.J., 2002.Planning open spaces for wildlife I.Selecting focal species using a Delphi survey approach ÿLandscape and Urban Planning.Landscape and Urban Planning, 58（1）, 25–40.

[50] Honachefsky, W.B., 1999.Ecologically Based Municipal Planning.Boca Raton, FL: Lewis Publisher.

[51] Howard, E., 1946.Garden Cities of Tomorrow.London: Faber & Faber,（first published 1898）.

[52] Huang, J.F., Wang, R.H., Zhang, H.Z., 2007.Analysis of patterns and ecological security trend of modern oasis landscapes in Xinjiang, China.Environ.Monit.Assess., 134（1–3）, 411–419.

[53] Jim, C.Y., Chen S.S., 2003.Comprehensive greenspace planning based on landscape ecology principles in compact Nanjing city, China.Landscape Urban Plan., 65, 95–116.

[54] Jongman, R.H.G., 2001.The context and concept of ecological networks, in Rob.H.G.Jongman and Gloria Pungetti（eds）Ecological Networks and Greenways: Concept, Design, Implementation.Cambridge: Cambridge University Press, 7–33.

[55] Jongman, R.H.G., 1995.Nature conservation planning in Europe: developing ecological networks.Landscape Urban Plan., 32, 169–183.

[56] Jongman, R.H.B., Pungetti, G., 2004.Ecological networks and greenways.Cambridge: Cambridge University Press.

[57] Kambites, C., Owen, S., 2006.Renewed prospects for green infrastructure planning in the UK.Planning Practice and Research, 21（4）, 483–496.

[58] Kerkastra, K., Vrijlandt P., 1990.Landscape planning for industrial agriculture: a proposed framework for rural area.Landscape Urban Plan., 18, 275–287.

[59] Knaapen, J.P., Scheffer, M., Harms, B., 1992, Estimating habitat isolation in landscape planning.Landscape and Urban Plan.,（23）, 1–16.

[60] Kühn, 2003.Greenbelt and Green Heart: separating and integrating landscapes in European city regions.Landscape Urban Plan., 64, 19–27.

[61] Lambeck R.J., 1997.Focal species: A multi–species umbrella for nature conservation[J]. Conservation Biology, 11（4）: 849–856.

[62] Leopold, A., 1949.A sandy county Almanac and sketches from here and there.New York: Cambridge University Press.

[63] Lip, E., 1979.Chinese Geomancy.Singapore: Times Book International.

[64] Little，C.，1990.Greenways for America.Baltimore：John Hopkins University Press.

[65] Liu，S.R.，Lin，Y.，Sun，P.S.，Li，C.W.，Hu，Y.Z.，2006.Forest landscape ecology and its applications in China.Forestry Studies in China，8（1），53–58.

[66] Lumenfeld，H.，1949.Theory of city form，past and present.J.Soc.Architect.Historians，8，7–16.

[67] Mander，U.E.，Jagonaegi，J.，Kuelvik，M.，1988.Network of compensative areas as an ecological infrastructure of territories，in：Schrieiber，K.–F.（Eds.），Connectivity in Landscape Ecology，Proceedings of the 2nd International Seminar of the International Association for Landscape Ecology.Paderborn：Ferdinand Schoningh，35–38.

[68] McHarg，I.L.，1969.Design With Nature（1992 edition）.Hoboken：John Wiley & Sons，Inc.

[69] Michels，E.，Cottenie，K.，Neys，L.，De Gelas，K.，Coppin，P.，De Meester，L.，2001. Geographical and genetic distances among zooplankton populations in a set of interconnected ponds：a plea for using GIS modelling of the effective geographical distance.Mol.Ecol.，10，1929–1938.

[70] Millennium Ecosystem Assessment，2003.Ecosystem and Human Well–being：A Framwork for Assessment[R].Washington DC：Isand Press.

[71] Miller，W.，Collins，M.G.，Steiner，F.R.，et al.，1998.An approach for greenway suitability analysis.Landscape and Urban Planning，42，91–105.

[72] Moughtin，C.，1996.Urban Design：Green Dimensions.Butterworth Architecture，Oxford. Mountains.Lands.Ecol.，15，713–730.

[73] Naveh，Z.，Lieberman A.，1984.Landscape ecology：theory and application.New York：Springer–Verlag.

[74] Noss，R.，Harris，L.D.，1986.Nodes，networks，and MUMs：Preserving diversity at all scales.Environ.Manage.，10（3）：299–309.

[75] Noss，R.，1993.Wildlife corridors，in：Smith D.S.，Hellmund P.C.（Eds.），Ecology of greenways.Minneapolis：University of Minnesota Press，43–68.

[76] NPS，US Dep.of the Interior.P.L.90–543，as amended through P.L.110–229，The National Trails System Act[S/OL].2008.5.8，http：//www.nps.gov/nts/legislation.html.

[77] Opdam，P.，Verboom，J.，Pouwels，R.，2003.Landscape cohesion：an index for the conservation potential of landscapes for biodiversity.Landscape Ecol.，18（2），113–26.

[78] Padoa–Schioppa，E.，Baietto，M.，Massa，R.，2006.Bird communities as bioindicators：The focal species concept in agricultural landscapes.Ecological Indicators，6，83–93.

[79] Pauchard，A.，Aguayo，M.，Pena，E.，et al.，2006.Multiple effects of urbanization on the biodiversity of developing countries：The case of a fast–growing metropolitan area（Concepcion，Chile）.Biological Conservation，127（3），272–281.

[80] Pearman, A.D., 1988.Scenario construction for transportation planning.Transportation Planning and Technology, 7, 73–85.

[81] Potschin, M., Haines–Young R., 2006. "Rio+10", Sustainability Science and Landscape Ecology.Landscape Urban Plan., 75, 162–174.

[82] Randolph, J., 2004.Environmental Land Use Planning and Management.Washington DC: Island Press.

[83] Ribiero, L.F., 1998.The cultural landscape and the uniqueness of place: a greenway network for landscape conservation of lisbon metropolitan area.Doctoral Dissertation, Graduate School of the University of Massachusetts Amherst.

[84] Rossbach, S., 1983.Feng–shui: the Chinese Art of Placement.New York: E.P Dutton, Inc.

[85] Rubino, M.J., Hess G.R., 2001.Planning open spaces for wildlife 2: modeling and verifying focal species habitat.Landscape and Urban Planning, 64 (1–2): 89–104.

[86] Schadt, S., Knauer, F., Kaczensky, P., Revilla, E., Wiegand, T., Trepl, L., 2002. Rule–based assessment of suitable habitat and patch connectivity for Eurasian Lynx in Germany. Ecol.Appl., 12, 1469–1483.

[87] Searns, R.M., 1995.The evolution of greenway as an adaptive urban landscape form.Landscape and Urban Planning, 33, 65–80.

[88] Seans, Robert M., 2009, Emergence and evolution of the greenway movement in North America——The Denver Experience.Landscape Architecture China, 6, 28–39. (in Chineses)

[89] Selm, A.J.Van, 1988.Ecological infrasture: a conceptual framework for designing habitat networks.In Schrieiber, K.–F. (ed.), Connectivity in Landscape Ecology, Proceedings of the 2nd International Seminar of the International Association for Landscape Ecology.Paderborn, Ferdinand Schoningh, 63–66.

[90] Seiler, A., Eriksson, I.M., 1995.Habitat fragmentation & infrastructure and the role of ecological engineering.Netherlands: Maastricht & Den Hague.

[91] Skinner, S., 1982.The Living Earth Manual of Feng–shui.London: Routledge & Kegan Paul.

[92] SIMBERLOFF D.Flagships, umbrellas, and keystones: Is single–species management passe in the landscape era? [J].Biological Conservation, 1998, 83 (3): 247–257.

[93] Steiner, F., 1983.Resource suitability: Methods for analyses.Environ.Manage., 11, 379–388.

[94] Steinitz, C., Parker, P., Jordan, L., 1976.Hand drawn overlays: Their history and prospective uses.Landscape Architecture, 9, 444–455.

[95] Steinitz, C., 1990.A framework for theory applicable to the education of landscape architects (and other design professionals).Landscape Journal, 9 (2), 136–143.

[96] Taylor, L., 1978.Urban Open Spaces.London: Academy Editions.

[97] Taylor，J.，Paine，C.，FitzGibbon，J.，1995.From greenbelt to greenways：four Canadian case studies.Landscape Urban Plan.，33，47–64.

[98] Toft，D.，1995.Green belt and the urban fringe.Built Environ.，21（1），54–59.

[99] Troll，C.，1939.Luftbildplan und ökologische Bodenforschung（Aerial photography and ecological studies of the earth）.Berlin：Zeitschrift der Gesellschaft für Erdkunde.

[100] Turner，M.G.1989.Landscape ecology：the effect of pattern on process.Annual Review of Ecology and Systematics，20，171–197.

[101] Turner，M.G.，Gardner R.H.，O'Neill，R.V.2001.Landscape Ecology in Theory and Practice. New York：Springer–Verlag.

[102] UN，2007.State of World Population – Online Report：United Nations Population Fund.

[103] Villalba，S.，Gulinck，H.，Verbeylen，G.，Matthysen，E.，1998.Relationship between patch connectivity and the occurence of the European red squirrel，Sciurus vulgaris，in forest fragments within heterogeneuos landscapes.In：Dover，J.W.，Bunce，R.G.H.（Eds.），Key Concepts in Landscape Ecology.Preston，205–220.

[104] Wadheim，C.，2006.Landscape as urbanism，in：Wadheim，C.（Eds.），The Landscape Urbanism Reader.New York：Princeton Architectural Press，35–54.

[105] Walmsley，A.，1995.Greenways and the making of urban form.Landscape Urban Plan.，33，81–127.

[106] Walmsley，A.，2006.Greenways：multiplying and diversifying in the 21st century.Landscape Urban Plan.，76，252–290.

[107] Wang，G.M.，Jiang G.M.，Zhou Y.L.，et al.，2007.Biodiversity conservation in a fast–growing metropolitanarea in China：a case study of plant diversity in Beijing.Biodivers Conserv，16，4025–4038.

[108] Wascher，D.M.，2000.Wascher，D.M.（Ed.），Proceedings of European Workshop on Landscape Assessment as a Policy Tool.European Centre for Nature Conservation and The Countryside Agency，Tilburg，Cheltenham，92.

[109] Watson，J.，Freudenberger，D.，Paull，D.，2001.An assessment of the focal–species approach for conserving birds in variegated landscapes in Southeastern Australia.Conservation Biology，15（5），1364–1373.

[110] Wilson，O.E.，1992.The Diversity of Life.Cambridge：The Belknap Press of Harvard University Press.

[111] With，K.A.，1999.Landscape conservation：a new paradigm for the conservation of biodiversity.（In）Wiens J.A.，Eds.Issues in Landscape Ecology，Ontario：The International Association for Landscape Ecology（IALE）Press，78–82.

[112] Yang, J., Zhou, J.X., 2007.The failure and success of greenbelt program in Beijing.Urban For.Urban Gree., 6, 287–296.

[113] Yang, M.B., Kang, Y.H., Zhang, Q., 2009.Decline of groundwater table in Beijing and recognition of seismic precursory information.Earthq.Sci., 22, 301–306.

[114] Yeh, A.G., Wu, F., 1999.The transformation of the urban planning system in China from a centrally–planned to transitional economy.Prog.Plan., 51(3), 167–249.

[115] Yokohari, Makoto, Takeuchi, Takeuchi, Watanable, Takashi, and Yokota, Shigehiro, 2000.Beyond greenbelts and zoning: A new planning concept for the environment of Asian mega–cities.Landscape Urban Plan., 47, 159–171.

[116] Yokohari, M., Amemiya M., Amati, M., 2009.The History and Future Directions of Greenways in Japanese New Towns.Landscape Architecture China, 6, 44–47.(in Chinese).

[117] Yu, K.J., 1994.Landscape into places: Feng–shui model of place making and some cross–cultural comparisn.In, Clark, J.D.(Ed.) History and Culture.Mississipi State University, USA, 320–340.

[118] Yu, K.J., 1995.Ecological security patterns in landscape and GIS application.Geographical Information Sciences, 1(2), 1–17.

[119] Yu, K.J., 1996.Security patterns and surface model in landscape planning.Landscape and Urban Planning, 36(5), 1–17.

[120] Yu, K.J., Padua, M., 2006.The Art of Survival.Victoria: The Images Publishing Group.

[121] Yu, K.J., Li, D.H., Li, N.Y.The Evolution of Greenways in China.Landscape and Urban Planning, 2006(76): 223–239.

[122] Yu, K.J.Five Traditions for Landscape Urbanism Thinking.Topos, 2010(71): 58–63.

[123] Zube, E.H., 1986.The advance of ecology.Landscape Architecture, 76(2), 58–67.

[124] Zube, E.H., 1995.Greenways and the US National park system.Landscape and Urban Plan., 33, 17–25.

3 规划文本图集与研究报告

[1] 北京市国土资源局.《北京市土地利用总体规划(2006~2020年)》, 2006.

[2] 北京市国土资源局.《北京市土地利用总体规划(2006~2020年)》专题研究，北京市土地生态环境保护研究及规划方案环境影响评价，2005.

[3] 北京市国土资源局.《北京市土地利用总体规划(2006~2020年)》专题研究，北京市耕地保护目标与对策研究，2006.

[4] 北京市地质矿产勘查开发局.《北京市地质灾害防灾减灾研究报告》, 2004.

[5] 北京市人民政府.《北京城市总体规划（2004~2020年）》，2004.

[6] 北京市规划委员会.《北京市限建区规划（2006~2020年）》，2007.

[7] 北京市规划委员会，北京市园林绿化局.《北京市绿地系统规划》，2007.

[8] 北京市环境保护局，中国科学院生态环境研究中心.《北京市生态功能区划》，2005.

土人设计著作系列

为促进中国城市与景观规划设计学科的研究和发展，北京大学景观设计学研究院与北京土人景观与建筑规划设计研究院同中国建筑工业出版社等出版单位合作，持续出版景观设计理论、实践案例及国外优秀著作的翻译。

已经出版的著作包括：

俞孔坚，王思思，李迪华著．区域生态安全格局：北京案例．北京：中国建筑工业出版社，2011.

俞孔坚，李迪华，李海龙，乔青著．国土生态安全格局——再造秀美山川的空间战略．北京：中国建筑工业出版社，2011.

William Saunders, Designed Ecologies: The Landscape Architecture of Kongjian Yu, Birkhauser Ver lag AG, Germany, 2012.

俞孔坚 / 土人设计著 .2010 上海世博园——后滩公园．北京：中国建筑工业出版社，2010.

俞孔坚著．回到土地．北京：三联书店，2009.

孔详伟，李有为编．以土地的名义——俞孔坚与“土人景观”．北京：三联书店，2009.

Kongjian Yu, Mary Padua.The Art of SurvivaI-Recovering Landscape Architecture Images Publishing Group Ply Ltd.Victoria. AustralIa, 2006.

北京大学景观设计学研究院，土人景观编著．林水城居——土人手绘作品集．湖南：湖南美术出版社，2006.

北京大学景观设计学研究院，土人景观编著．数字景观——土人表现作品集．辽宁：大连理工出版社，2006.

俞孔坚，李迪华，刘海龙著．“反规划”途径．北京：中国建筑工业出版社，2005.

俞孔坚，刘向军，李鸿，李斌著．田——人民景观叙事南北案例．北京：中国建筑工业出版社，2005.

俞孔坚，王建，黄国平，土呷，李伟等著．曼陀罗的世界——藏东乡土景观阅读与城市设计案例．北京：中国建筑工业出版社，2004.

Steiner F 著．生命的景观．周年兴等译．北京：中国建筑工业出版社，2004.

俞孔坚，石颖，Mary Pudua 等著．人民广场——都江堰广场案例．北京：中国建筑工业出版社，2004.

俞孔坚，庞伟著．足下文化与野草之美——歧江公园案例．北京：中国建筑工业出版社，2003.

俞孔坚，李迪华著．景观设计：专业．学科与教育．北京：中国建筑工业出版社，2003.

俞孔坚，李迪华著．城市景观之路——与市长们交流．北京：中国建筑工业出版社，2003.

俞孔坚，Davorin Gazvoda，李迪华等著．多解规划——北京大环案例．北京：中国建筑工业出版社，2003.

Birnnaum C，Karson R 著．美国景观设计先驱．孟亚凡，俞孔坚等译．北京：中国建筑工业出版社，2003.

俞孔坚编著．设计时代——国内著名设计工作室创意报告．河北：河北美术出版社，2002.

Nines NC，Karown R 著．景观设计师便携手册．刘玉杰，吉庆萍，俞孔坚等译．北京：中国建筑工业出版社，2002.

俞孔坚等著．高科技园区景观设计——从硅谷到中关村．北京：中国建筑工业出版社，2001.

Marcus C，C Francis 著．人性场所——城市开放空间设计导则．俞孔坚，王志芳，孙鹏等译．北京：中国建筑工业出版社，2001.

俞孔坚著．景观：文化，生态与感知．北京：科学出版社，1998.

俞孔坚著．景观：文化，生态与感知．台湾：田园文化出版社，1998.

俞孔坚著．理想景观探源：风水与理想景观的文化意义．北京：商务印书馆，1998.

俞孔坚著．生物与文化基因上的图式．台湾：田园文化出版社，1998.

Simonds J 著．景观设计学——场地规划与设计手册．俞孔坚，王志芳，孙鹏等译．北京：中国建筑工业出版社，2000.